造飞机的那些事
——中国飞机制造案例集

王建华　齐振超　著

科学出版社

北京

内 容 简 介

本书就飞机制造领域内所涉及的专业，从飞机工艺技术、飞机工艺装备技术、飞机零部件制造及装配技术、飞机售后服务、飞机质量适航、飞机制造供应商管理以及飞机制造文化等方面提炼出作者多年来工作经历中的一些经验，由背景、主题切入、过程和结果与思考四部分结构组成，相关案例通俗易懂、有浅有深，为读者阐述了宝贵的处理复杂技术和其他问题的技巧和实用方法，记载了中国航空制造发展的一个个事实，本书目的是让中国的航空工业工程师在工作中借鉴经验，汲取教训，少走弯路，是一本值得阅读和珍藏的专业读物。

本书的读者主要为高等院校的相关专业师生，航空企事业单位的技术人员，有国内航空事业发展意向的各类中小企业业主和员工，相关航空学会以及国内行业媒体等。

图书在版编目（CIP）数据

造飞机的那些事：中国飞机制造案例集 / 王建华，齐振超著. —北京：科学出版社，2023.6

ISBN 978-7-03-074367-1

Ⅰ. ①造… Ⅱ. ①王… ②齐… Ⅲ. ①飞机－制造－生产工艺－案例－汇编－中国 Ⅳ. ①V262

中国版本图书馆 CIP 数据核字（2022）第 253659 号

责任编辑：李涪汁 郑欣虹 曾佳佳 / 责任校对：王萌萌
责任印制：赵 博 / 封面设计：许 瑞

科 学 出 版 社 出版
北京东黄城根北街 16 号
邮政编码：100717
http://www.sciencep.com

中煤（北京）印务有限公司印刷
科学出版社发行 各地新华书店经销

*

2023 年 6 月第 一 版 开本：720 × 1000 1/16
2025 年 1 月第四次印刷 印张：14 3/4
字数：300 000

定价：99.00 元

（如有印装质量问题，我社负责调换）

前　　言

我毕生都在为中国的大飞机制造而努力奋斗，从南京到西安，从西安到上海，专业理论学习，主机实战历练，经历了二十多年的军用飞机制造，二十多年的民用飞机制造，亲身经历了两大不同特点的制造领域。四十三年的技术历程，几十个飞机型号的研制经历，积累了海量的从飞机研制到批生产制造全过程的实战经验，见证了中国航空工业四十年改革创新、分分合合的坎坷历史，体验了轰轰烈烈、催人泪下的军民机研制的艰辛，历经了众多的人和事。正可谓，方向清晰硕果累累，道路曲折步履艰难。

闻道有先后，术业有专攻。造飞机是靠科学的、用技术的，而不是靠想象的、用猜测的。在许多人的眼中，飞机制造是一项神秘的活动，是冷冰冰的金属堆砌，是极其复杂的技术汇集。其实，飞机制造不是深不可测的事情，它是一系列跌宕起伏的故事情节汇总，有的给人沉思，有的立人斗志，有的让人忍俊不禁，有的令人茅塞顿开，有的则令人落寞苦涩。本书结合我四十多年飞机制造的亲身体会，在成千上万的经历故事中，仔细挑选对制造技术有实际意义的片段，用通俗的语言和案例的形式，为读者阐述了宝贵的处理复杂技术和其他问题的技巧和实用方法，记载了中国航空制造发展的一个个事实。案例是解决疑难杂症的妙方，是脑洞大开的钥匙，是前人经验的分享，是开山渡河的桥梁，是走出迷宫的捷径。案例是案也是例，既有成功的经验，也有失败的教训，甚至还有争论不休的观点和认识。

知屋漏者在宇下，知事详者在一线。案例的观点之所以往往一针见血，一语中的，全在于我毕生没有离开过为之奋斗的飞机制造一线，脚步深深地扎根于基层，见证的都是鲜活的现实。那里的成功与失败，那里的喜悦与苦闷，那里的积淀与浮沉，那里的兴旺与衰落，都给我以实践的启迪、经验的提炼和思想的升华。

懂工装而明道，概工艺则知术。从军机而得律，复民机则成师。所有案例和总结均来自我自身的经历和体会后的思考。当然，经历不同，经验各异，这些案例只是个人的观点，正所谓你认为的不一定是你认为的那样，不能涵盖所有人的认知，如有不同意见，欢迎批评指正，可以以汝之矛，刺我之盾。

本书案例的结构由背景、主题切入、过程和结果与思考四部分组成。背景部分简要介绍本案例发生的场景和基本知识范围。主题切入部分导入本案例所要讨论的主题。过程部分是本案例的主要内容，叙述了案例的主要发生原因、引起的后果和处理的方法等。结果与思考部分是对案例进行点睛式的总结。

　　本书中的有些案例写得比较简单，但其背后难忘的故事却很长，有些是涉及各种保密而无法公开说的，有些是故事太长而需要在某些合适场合专题分享的，还有许多案例因书的篇幅限制而忍痛割爱，希望读者谅解。

　　本书在写作和出版过程中，得到了南京航空航天大学方方面面的大力支持，得到科学出版社的热心帮助和认真把关，在此一并表示感谢，同时感谢家人在我写本书时给我的精神鼓励和生活照顾。

王建华

2022 年 3 月于上海

目　　录

第一章 制造工艺

飞机的机体结构设计、功能完整性设计要靠飞机设计师的工程设计，而飞机的实体制造、功能实现则要靠制造工程师的工艺设计，因此，制造工程师也称飞机制造工艺师，在飞机整个制造周期中，具有极其重要的作用。本章就飞机制造工艺方面的问题进行一些案例解剖。

案例 1.1 一个飞机制造企业不可忽视的问题
——工艺设计是选择题，还是必答题？

1. 背景

飞机制造中，有观点认为，研制飞机靠的是以计算机、网络为平台的数字化技术，直接使用工程设计数学建模来制造，可以省略工艺设计；也有观点认为，飞机设计应该涵盖工艺设计，不需要工厂进行工艺设计；更有观点认为，操作者有那么多技师和高级技师，不需要工艺设计，工人应该发挥其主观能动性，看图纸就应该能够把活干好。

2. 主题切入

事实上，新中国的航空工业体制从建立的时候，就把制造工艺与产品设计截然分开了，尽管后来成立了新的商用飞机公司，飞机产品设计仍然不负责工艺设计的工作。

工艺设计何去何从？工艺设计谁人负责？工艺设计影响几何？确实到了尽快决断的地步了。是该选择了，也该必答了。

3. 过程

中国航空工业的根基是建立在新中国当时工业一穷二白的基础之上的，不像欧美地区的工业体系有几百年的工业基础，设计与工艺并未截然分开，传统工艺标准近百年保持不变，工人队伍、专业世家处处皆是，专业工人稳定性很强，且技术专业与操作技能专业无明显区别。

在中国航空工业内，设计归设计专业，工艺归工艺专业，操作归操作专业，相互之间无交集，设计不负责工艺，也不管操作；工艺不管设计，也不进行生产操作；生产操作者完全按照工艺设计出的技术文件开展工作，飞机就是在这种串行传递中制造出来的。

有些人说，美国的飞机设计也管工艺设计，例如某道公司就是这样的，既出飞机设计图样，也出工艺设计图样，工厂的制造工程部简单地排排工序就可以了。是的，言之有理！它们工厂里的制造工程部就不是技术部门，而是生产部门下属的计划员。但在飞机设计研究院的飞机工程设计师并不做工艺设计，大学里也没有学过工艺专业知识。既然飞机工程设计师不做工艺设计工作，如今在制造厂里，又配备了庞大的工艺工程师队伍，那么，这些人不做工艺设计就说不过去了。

还有一个问题，当今是数字化时代了，又有网络，再加上 5G 和智能制造，还需要工艺设计吗？对于这个问题，我的回答是，这更需要工艺设计了，既然都数字化了，都智能化了，甚至连操作工人都不要了，难道还想让操作者发挥主观能动性吗？况且，在数字化环境内的一切活动都必须由人来策划和设计，因此就必须由制造厂的工艺部门来做这些设计，这就是新时代、新环境下的飞机制造工艺设计。

至于让操作者发挥主观能动性，直接拿飞机设计图样来制造飞机，就不要去想了。

🔍 结果与思考

依上知，结论很明确，无论是选择题，还是必答题，目前在飞机制造厂内，必须进行严肃科学、规模宏大的工艺设计。

案例 1.2　飞机是设计出来的，还是制造出来的？
——飞机制造中工艺的作用实质上不小于工程设计的作用

1. 背景

飞机工艺在飞机制造中的作用在历史上都没有争议，但近些年来，由于人们对数字化的过度解读，对数字化作用的过分夸大，飞机制造领域里的工艺被弱化，在飞机制造领域里出现了一些本不应该出现的混乱概念。甚至，还有人质疑起了飞机制造的总工程师是干什么的，飞机制造中的工艺起什么作用。

2. 主题切入

中国的航空工业体制所致，飞机设计归飞机设计研究院管理，属事业单位，飞机工艺归制造厂管理，属企业单位。无论大学培养专业人才，还是单位招收工作员工，设计与工艺各自都有自己的界限和去向，不相往来，导致设计研究单位没有工艺人员，也没有工艺能力，工厂制造没有飞机设计职能，只负责制造工作，所以，设计与工艺在飞机工业行业是两个各自为政的领域。

这一点和欧美地区航空工业体制有很大的区别。

3. 过程

中国的飞机工业体制来源于苏联模式，设计单位只管设计图样，制造单位负责用设计的意图制造出能够实现功能的实物，而制造行业内，生成实物的策划是靠工艺工程师来做的，因此就有了工艺设计，而工艺设计则分三个层面。

第一个层面是总体工艺设计，也就是所谓的主管工艺，这层工艺负责全机的工艺方案制定，协调飞机制造各个专业之间的工艺关系，制定全机协调方案，提出全机关键部位的协调工具，带领工厂各个专业工艺对飞机设计文件进行工艺审查，并负责工艺会签。如果涉及厂际制造，还要负责厂际交付状态和厂际协调技术。负责全机制造过程中重大工艺技术问题的组织处理和与飞机设计的沟通工作。

第二个层面是专业主管工艺，如工装研制、钣金工艺、机加工艺、部装工艺、总装工艺、试飞工艺等，这层工艺对所管辖专业领域的制造车间工艺进行整体控制，负责编制专业工艺总方案、专业制造协调方案，编制飞机制造领域内相邻专业之间的交接状态，以及处理专业界面的技术协调问题等。

第三个层面是车间或制造工段的工艺，这个层面负责按照设计技术文件和各类工艺方案，编制加工工艺规程或装配工艺规程，编制材料明细表，指导车间操作工人制造出符合要求的零组部件以及整机。

这三个层面，在某飞机制造厂一直被集中在一个层面，即制造工程部门。后来硬性分成了工艺两级管理，即制造工程部门与车间的两级工艺管理。按照金字塔管理形式，应该是上小下大，现在实际情况是，制造工程部门的编制无限扩大，其人员队伍远远超过车间，大量的底层工艺工作仍然由上层工艺负责，形成主管在干基层的活，这样的工艺构成使工艺能力无法最大程度地发挥。

不但如此，该工厂工艺还在干着应该由工程设计来干的活，如构型管理，某一架飞机应该是什么构型，实际上是设计说了算，工艺只要按照设计规定的构型去实施即可，但现在要由工艺来比对把关。

现场大量制造不协调的问题应该由主管工艺牵头处理，但现在反倒是设计按照上级负责人的指令在牵头忙活，结果是"掏耳勺去舀稀饭——有力不得法"。这样，工艺发挥不了工艺应该发挥的作用，工艺在飞机制造体系中就缺少发言权了。

> **结果与思考**
>
> 在飞机设计和工艺还没有形成大工程的情况下，最大限度地发挥制造工艺在飞机制造中的作用，有利于飞机制造的顺利进行，所谓质量、安全、舒适等要素才能够完美实现。

案例1.3　改姓名改不了血统
——在 MBD 环境下不需要工艺设计？

1. 背景

自从 MBD 在飞机设计中得到应用后，要不要工艺设计，一直在讨论和争论中，某飞机制造厂的技术主管负责人曾经做出飞机制造不需要工艺设计的决策，此决策一出，立刻在行业内引起了一片争议。

2. 主题切入

在 MBD 环境下要不要工艺设计？先从什么是 MBD 分析说起。

MBD 是英文 model based definition 的缩写，中文的意思是全三维基于特征的表述方法，又称基于模型的设计。MBD 起源于 B777 飞机的全三维设计。2003 年，美国机械工程师协会起草了第一份标准。2006 年，国际标准化组织也发布了相关标准。中国在 2009 年开始制定国家标准，于 2010 年正式发布。从标准的内容来看，MBD 说清楚了设计怎么干活，但并没有解决制造过程中的设备适应性、操作适应性、材料适应性、工艺适应性和环境适应性。而这五性就是常讲的人、机、料、法、环。

要解决 MBD 对制造的适应性，必须进行工艺设计这个关键环节。

3. 过程

2010 年之前，MBD 已十分流行，自从我国发布了 MBD 相关国家标准后，许多行业都快速按照国家标准来改革创新，试图利用 MBD 来实现数字化过程。

其结果是，大面积推广应用虎头蛇尾，这些年很少有人在这方面下功夫了。其主要原因是，尽管对 MBD 进行了大量的科研攻关，但真正到工程化应用时，制造有障碍，物流有障碍，售后有障碍等，即涉及 MBD 模型中缺乏整个生命周期许多相关环节的预定义，只定义了设计理念，没有考虑在后续的目标实现过程中如何解决遇到的各种问题。

那么，MBD 如何满足工艺性要求呢？

　　MBD 是一个定义为综合模型的东西，既然是综合模型，就应该综合到制造工艺，但在当前的国内航空工业行业，偏偏只在工程设计这里得到了全面应用，很遗憾 MBD 里面缺乏适合制造方面的工艺信息，因此，要设计模型工艺化，必须进行源于 MBD 的、基于制造的工艺设计，应从以下四方面入手。

　　（1）保证 MBD 综合模型数据的信息完整性。

　　作为 MBD 的唯一标准载体，三维实体模型是制造工艺最基本的数据源，其信息包括模型自身的属性（如单位制统一），材料明确、公差、精度、参数的完整和三维标注的完整性。使得工艺在进行二次设计时，不会引起猜测和歧义。

　　（2）MBD 模型的共享。

　　在飞机制造中，来自于飞机设计的 MBD 模型是制造的唯一依据，必须有无任何转换、无任何附加解释的共享性。因此，建模标准必须考虑到基于制造的建模，在制造过程中，走零件，过组件，到装配，模型应该处处环境适合，适时现行有效。这就要求飞机设计人员有丰富的飞机制造工艺知识，甚至经验。任何地方都不允许有假尺寸的表达，也不能对模型的定义进行近似和省略的处理。

　　（3）面向制造的设计。

　　"面向"二字似乎很吃香，但要理论联系实际，就会非常费劲。通常情况下，飞机设计师在进行三维建模时，其关注点在模型的结构是否符合飞机的功能要求，是否满足强度、刚性、重量要求等，细致一些的，再关心数模与数模间在计算机屏幕上的干涉和协调情况等。

　　几乎在进行产品设计时，设计对象就是一个或一套纯刚性物体，制造过程中的人、机、料、法、环所引起的偏离和变化的预测，是不会也无法全面考虑的；而对于用什么设备加工、采用什么刀具、设定机床参数、工件的余量取舍、装配时的调整、协调工装的应用等，则根本不会考虑。

　　一般情况下，这些问题都是等设计三维工作完成得差不多了，通过一个个阶段性审批发放，到制造部门进行实战演练时才会暴露，此时，制造工艺再反馈这些问题给设计，还不一定会得到认可和接受，几轮博弈，设计师才勉强同意在手头考核计划内的工作做完后，再抽时间修改。这就是为什么飞机研发周期如此之长，为何设计师如此疲于奔命。因此，在设计过程中，必须要设立一道工序，即进行设计模型的可制造性检查，把不适合制造的初步瑕疵消灭在发图之前。

　　（4）设计与工艺的协同工作。

　　在飞机研制阶段，由于一切都在试验阶段，设计的数学模型发到制造流程中去，往往不是最终的构型，设计要反复进行模型的更改。而在现在的条件下，变更的模型到底更改了哪些地方，缺少对应的工具和手段，全靠工艺进行反复的比对去寻找并执行变更，效率极低。

　　要使设计模型适合于制造全过程，如果设计师本身不具备工艺知识和经验，就必须在设计阶段由工艺师参与设计,这在目前很难做到。21世纪初就有人提出大工程概念,但单薄的声音难以改变一个行业的现状。从国内几个新机型的研制来看,实施设计与工艺协同比较理想的前提条件是,具有工艺知识和设计经验的设计师与具有设计知识和工艺经验的工艺师组成的团队。

🔍 结果与思考

综上所述,现阶段的飞机设计很难全面考虑制造性问题,因此,工艺设计在中国飞机制造中必不可少。飞机制造厂的工艺员要提高自身的工艺水平,才能在飞机制造这个行业内具有充分的话语权。

案例1.4　方案是纲,纲举目张
——一份工艺总方案的作用

1. 背景

在飞机研制和批量生产时,工艺工作的最高指令性技术文件之一就是工艺总方案,工艺总方案是根据产品设计要求对生产类型和生产能力提出的工艺技术准备工作的具体任务和工作原则的指导性文件,是指导产品工艺准备工作的依据,是准备工作的总纲。

编制一份适合型号制造的工艺总方案,对整个型号具有重要的意义。

2. 主题切入

在中国的航空工业中,制造的技术总指挥就是工艺。离开工艺,操作者无从下手,生产组织者"变不出"生产计划,工厂的制造流程运作会停顿下来。而工艺的工作依据有很多,其中,最高指令就是工艺总方案。

因此,工艺总方案是工艺对产品设计进行工艺性审查的依据,是工艺编写其他指令性工艺文件的依据,是工艺装备选择及设计、制造的依据,是编制生产单元分工表的依据,是供应商编制工作包的依据。

如何编制出一份恰如其分、科学可行的工艺总方案?有人说,也就是那么一写。对的,就是一写,可问题是如何写,写的背后,大有文章。

3. 过程

工艺总方案通常是由总工程师授权总工艺师牵头组织编制的,要编制一份有水平的工艺总方案,需要进行下面这些准备工作。

要组织由各专业的主管工艺参与的工艺总方案编制团队，团队包括综合主管工艺（通常负责执笔编写）、钣金主管工艺、机加主管工艺、工装设计与工装制造工艺、装配主管工艺等，这些人必须具有一个以上的型号研制经验，对工厂的制造能力熟悉，且具有综合的文字能力。

团队从飞机设计初步方案开始就介入进去，了解飞机的总体情况，随时为飞机设计师提供制造工艺技术方面的信息。

设计从粗到细，一般分六到七个设计阶段，工艺团队根据设计进行的不同阶段，开始策划和编制工艺总方案的阶段性成果。

工艺团队要结合工厂设计方案，为研制的经济可行性分析提供实时的资料。

工艺团队要为工厂总体制造方案的编制提供完整清晰的设计数据。

结合工厂的生产技术基础、工艺技术水平和生产准备能力，开始编制工艺总方案。

工艺总方案的内容，一是总则，简单描写一下型号飞机研制总方案的设计原则，飞机产品的总体概况、结构特点、性能、用途和主要技术数据，研制批架次，飞机估计总产量，最高年产量和主要计划节点，例如，什么时候首飞，什么时候取证，什么时候交付运营等。

二是生产分工原则。特别是在"主制造商-供应商"模式下，说清楚谁干什么十分重要，因为主制造商往往只负责飞机最后的对接和总装等工作，各个机体和系统供应商也需要按照这份总方案执行，在此，定义好分工，有利于供应商制定工作包的制造工艺总方案。

三是采用三新原则，所谓三新，指的是新技术、新材料、新工艺。对于每一个新型号飞机，飞机本身都会有与以往不同的新技术的运用，在制造方面，也会为适应飞机新技术的应用而指定一些新的制造工艺技术应用。

四是互换协调原则。这一部分是飞机工艺的核心部分，要对飞机的主要装配关系和协调部位，确定协调总原则，包括厂内互换协调和厂际互换协调。例如，近年，新型号的工艺总方案的这一部分，总会写上"数字量传递为主，模拟量传递为辅"等惯用提法，也要求供应商依照这个思路去写，效果如何，实践是标准。同时，对互换架次要提出明确要求。这一部分又是飞机制造中最难做到的关键点，国内许多型号进入批量生产阶段很久，但没有很好地解决互换协调问题，就是这个地方出了问题。

五是工艺装备的选择、设计和制造原则。在军机研制的年代，因国家经济原因和飞机装备部队周期的原因，工艺装备往往遵循因陋就简、修修补补、尽量减少的原则，花最少的钱，办最多的事，往往舍不得投入。而进入21世纪，民机的发展提步迅速，从研制批到批量生产几乎没有间隙，甚至是平行交叉进行，这时候，工艺装备的选择原则就应该在研制批的情况下能够顺利过渡到批量生产阶段。

六是工艺文件编制原则，这是给工艺员制定的工作原则，指出工艺文件的种类、工艺文件编制的基本要求，例如，工艺文件能够指导操作者正确地制造出合格的产品等。这一部分也包含工艺文件的接收、分发和管理等。

七是确定零组部件工序间或厂际间的交付原则，细化到装配孔、定位孔、导孔等取制范围和供应方法，工艺余量取舍要求等。

八是数字化加工技术应用原则，实际上，这一部分随着数字化的普遍使用，已经没有太多的必要性，而是应该规定哪些不能由数字化解决的部位的加工和协调方案。这一部分的正确编写，会体现编写者的深厚工艺基础和经验。

九是技术组织形式，指的是如何组织工艺系统，根据研制计划和各专业的工作任务，开展工作，如并行工作、集成项目团队（integrated project team，IPT）、协同作业等，还包括如何组织技术攻关、成果转化等。

结果与思考

没有经过型号实战经历的人，是很难编写出一份结合实际的工艺总方案的，一旦工艺总方案签批通过，研制和批量生产是通畅大道，还是崎岖坎坷的山路，就会不以人的意志为转移了。

案例 1.5　21 世纪中国大型客机的第一份装配协调方案出笼记
——大客装配协调方案的编制

1. 背景

21 世纪，中国开始研制自己的大飞机，大客作为中国商用飞机有限责任公司（简称中国商飞）成立后立项的第一款 150 座级的单通道飞机，是中国在运-10 停止生产近四十年后的第一次新研喷气式客机，按照惯例，需要一个指令性的飞机装配协调方案。

2. 主题切入

这个方案的重担落在了我（第一作者，下同）身上。我当时就职于中航工业西安飞机工业（集团）有限责任公司（简称西飞），作为副总工程师，曾经参与或主持编制过多个型号飞机的装配协调方案，对该类方案的编写非常熟悉。到中国商飞以后，看到前一个型号原先的装配协调方案，只有几页纸，感到特别吃惊，这样的装配协调方案如何指导飞机的研制生产？我主动提出，要亲自执笔，重写该方案。因为该机在 2003 年工艺准备时，我作为西飞的总工艺师，亲身参与过该型号的总体工艺准备工作，所以十分清楚该机的关键协调部位。但是，因为离该型号的研制阶段已经过去了整整五年，许多地方的装配方案已是既成事实，不可能进行大的改动，只能在这个基础上对方案进行准确的采纳和定义，写得更完善一些，把过去含糊不清或没有描述的地方加以补充。在经过几天紧张的工作后，一份近三十页的全机装配协调总方案，摆在了总工程师的桌上，并在第一时间得到了批准。

3. 过程

大型客机项目装配协调方案，是在中国全新制造环境下的一次新的尝试。所谓全新，是指制造中心已经完全脱离中航工业大本营，没有了兄弟般的帮忙援助，没有了多型号研制生产的积累沉淀，没有了成体系的支撑队伍，更缺乏最高层的专业决策和指导，又身处数字化大势所趋的环境。

一般情况下，一份装配协调方案分方案包括范围、引用文件、术语和定义、装配协调方案编制依据、装配协调原则、飞机结构设计概况、飞机装配主要流程、全机对接装配方案、全机对接协调方案、标准工装目录十个章节。其中，方案的重点在后三章，前面七章有些是规定制式，有些是对飞机设计的概述，有些来自工艺总方案。

在后三章中，对接协调方案和标准工装的选取，代表了飞机型号的核心技术。

在编制协调总方案前，方案的编制人员要全程参与工艺总方案的制定和讨论，在工艺总方案确定装配流程时，要充分发表意见，对工艺总方案里的原则选取、装配顺序提出能否落实的看法。例如，对于机身和机翼的对接，是先机身成龙，还是先中机身与机翼成小十字架，这关乎飞机装配的变形趋势问题；再如，对于飞机活动面的协调工具，采用数字化公差协调，还是采用实体协调，与飞机结构设计特点有密切关系，交点越多，协调越复杂，复杂环境下，协调环节就会难以系统控制；又如，飞机部件和对接，在一家工厂装配，还是分别装配，最后交另外一家工厂组合，协调方法有所区别。总之，需要考虑的因素之多，涉及的工作界面之复杂，没有经过几个型号的研制者，是无法估量其难度的。程宝蕖老先生呕心沥血写出那么一本难啃的小书[①]，又有几个人能够真正全部吃透呢？

在编写装配协调总方案时，确确实实遇到了大量的问题和争执，我一边耐心解释相关专业知识，一边稳扎稳打，设计了多项实体标准工装，用于飞机关键部位的装配协调，最终，在首架飞机，也是首飞飞机的装配对接中，一次成功，取得了在 MBD 环境中一次装配成功的成果。

---

① 程宝蕖. 1979. 飞机制造协调准确度与容差分配[M]. 北京：国防工业出版社.

结果与思考

　　一份科学合理的装配协调方案，会给飞机的顺利研制成功奠定坚实的基础，在大部分人趋于一种潮流思路时，具有定力，把控方向，会为飞机的研制和批量生产带来成功。

案例 1.6　总是不能自圆其说的一个惯用语
——"数字量传递为主，模拟量传递为辅"背后的秘密

1. 背景

　　现在在许多飞机的制造方案中，常常会出现"数字量传递为主，模拟量传递为辅"的字样，看似大家都熟悉和认可了这种说法，但实际上，这句话里存在着很大的隐患和秘密，有着不得不说的故事。

2. 主题切入

　　先不说"数字量传递"这种说法是否科学，这里把依然在飞机制造中发挥着重要作用的实体传递统称为模拟量传递这件事本身，就是对飞机制造的客观规律没有认识清楚的体现。

3. 过程

　　随便在网上一搜就可知，数字量和模拟量原本是电子学领域里的非连续信号与连续信号的概念，而把数字量和模拟量引入飞机制造理念，无论从哪方面来讲都是牵强附会的，世界上其他各大飞机制造商都没有这个明确的概念。

　　在飞机制造领域里，只有数字化概念的单独存在还是讲得通的。提起飞机制造数字化，这方面的论文成山，书籍成川，概念成堆，但真正从理论上定义"数字量传递为主，模拟量传递为辅"的概念还没有出现，而一些人热衷于使用这个概念，实质在于很多人对模拟量在飞机制造中的实际作用没有充分的了解。

　　飞机制造中，由于各种不确定的因素大量存在，往往是预先定义一种状态，实际生成的产品结果状态会是什么，事先并不能准确知道，经常是，预定义的状态的实际获得结果与事先的想象结果相差甚远。故深度自学习、深度自判断、深度自分析、深度自决策的数字化和自动化技术现在还未出现，难以解决目前飞机制造中出现的诸多深层次的技术难题。

　　飞机制造不是堆积木，而数字化解决的就是堆积木问题。数字化解决问题的路线是通过建立相关的数学模型来控制操作过程，建立数学模型必须找到事物的

发展和运动规律,而飞机制造过程的互换协调技术恰恰存在着大量无规律的变化。通常情况下,人们只有通过一事一议的办法来制定解决方案,试图找出其规律是人们多年来的愿望,是个世界性难题。目前,从大量的应用实例来看,不通过可靠的协调工具来实现飞机装配协调,波音做不到,空客做不到,所以,它们一直在使用不同的实体协调工具而不是数字化的协调工具来进行飞机制造。

传递一直是飞机制造中的一个关键技术,过去利用模线样板工具对飞机设计理念的传递,现在利用数模数控对飞机设计方案的传递,都是一种传递概念。

过去的模线样板实质上也是一种数字量的传递,是把示意性、粗放概念性的飞机设计图样,通过与飞机尺寸相同的 1∶1 放样方法,按照数据计算的结果,人工绘制在金属图板上,或明胶图板(即透明的胶板)上,形成二维和三维数学模型,并且以此为制造原始依据去转换成形形色色的飞机制造工具,放到生产线上生产飞机。

现在的数字化,只是飞机设计师可以在电脑中直接生成 1∶1 的飞机数学模型,把过去人工绘制模线改为直接编程,驱动数控设备,实现飞机生产。最多是人工化改为自动化罢了。

在这个过程中,数字化消除了过去模线样板传递过程中的传递误差,提高了精度。但过去模线样板在数字化传递中失去了优势,即传递过程中的问题可跟踪性。现在,使用数字化制造过程中,发现制造质量问题时,往往很难定位问题的出处,给现场处理问题带来了困难。无数实例证明了这一点。

因此,要摒弃"数字量传递为主,模拟量传递为辅"的不合适概念,改为"根据需要选择协调传递技术"。例如,在飞机外形协调和机加件制造协调方面,采用虚拟数字量制造技术,在交点对接和钣金结构件制造协调方面,采用实体协调工具。

🔍 结果与思考

在飞机制造中,因时制宜、因地制宜、因法制宜、因情制宜,才能够合理、科学、有效地开展飞机生产工作。

案例 1.7 一个不值得长期争论的问题
——AO 细化到底有没有必要?

1. 背景

在飞机装配中,工人操作的依据是工艺员编制的工艺文件,不同的企业有不同的叫法,有的叫装配指令,也有的叫装配大纲,在英语世界里,叫 AO(assembly order，也叫 assembly outline，这两个名称的具体区别在于个人的理解不同）。而在中国航空工业制造中，叫装配工艺规程，它与 AO 的区别在于，AO 包含了检验要求，而工艺规程则是把检验工作内容另立工艺合格证来处理。究竟哪个好？各有优缺点。

本案例不判断哪个更好，只从细化程度上论春秋。为了描述方便，以下统一使用 AO 这个名词。

AO 的编制细化或粗化，一直是民机制造中有争议的话题，究竟做到什么程度为好，不同人有不同的看法。

2. 主题切入

首先，要分析一下，AO 在飞机装配中的作用。定义中说，AO 是由装配工艺部门编制的生产性装配工艺文件，用以指导装配工人完成一个组件，或一个部件，或一个工位的工作内容，包含一系列产品信息、工艺要求、质量检验、成本管理等内容。

由此可知，对于这样一份承担着十分关键任务的工艺文件来说，应该认真对待，不能潦草处理。

在争论过程中，工艺员往往有这样的观点：现在的工人都有高级技师、技师等职业资格了，他们拿上飞机图纸就应该会干活，AO 只要编排出先干什么，后干什么就可以了，甚至只写出"按图装配"就可以了，没有必要细化。而操作工人也有话了，我干活的第一依据就是 AO，飞机图样仅是最终的检验依据，具体操作步骤工艺内容不说清楚，那就由我随意发挥，每个人的操作手法不一样，造出来的飞机就会一人一个样，无法保证产品质量的一致性。

公说公有理，婆说婆有理。到底应该怎么做才是科学合理的 AO 样式？

3. 过程

保证飞机的质量和安全是第一要务，无论争议有几何，降低工作要求，以牺牲飞机产品质量来说事，肯定是不合适的。因此，这个问题就没有必要再争论下去了，细，还是粗，实际上代表了各方面的不同立场而已。

工艺员希望越粗越好，太细了，自己工作量太大，出错的概率高，自己实战经验缺乏，也写不出细化的东西出来，况且，粗一点，作为工艺员，解释的余地可以大一些。工人希望越细越好，有了细致的操作内容，按部就班去操作，出了操作问题也不是自己的责任，有工艺员担当。当然，操作者这种想法也不能说错。

我曾经带一个企业的工艺团队考察某大型飞机制造企业的转包生产 AO 编制情况。在到访的公司找了几份空客公司的在电脑上直接生成的 AO。这些 AO，简直就是一本书，图文并茂，从飞机图样上的技术要求，到工艺装备与飞机产品的装配位置关系，甚至到在某个工序该用什么样的工具（包括刀量具），AO 都规定得非常详细和清楚，甚至具体到钻头的管理编号都应有尽有。按照这种 AO，工人想干错活都难。这应该就是比较典型的 AO 吧。

在飞机制造中，AO 的粗细状态，直接关系到一个企业的制造文化，这不是危言耸听。因为，一份详尽的 AO 能够反映出一个企业的工艺基础能力，代表了一个企业的工艺水平，编不出像样的飞机装配 AO，就说明企业技术没有能力把飞机装配表达得符合实际装配要求，就难以控制飞机的质量和安全。

所以，从高层次上要求，AO 编制得越细越好。编制 AO 要具备以下几方面条件：第一，企业具有强有力的技术领军人物，也就是有丰富经验的总工程师和总工艺师；第二，企业具有不断代的专业带头人的工艺梯队；第三，企业必须具有科学合理、适应行业需要的管理体系；第四，企业必须具有开放式的人才流动机制。

结果与思考

没有什么可争议的，如果你是一个企业的总师，你就下决心培养你的工艺团队吧，把 AO 编制得更加细致吧！

案例 1.8 道不同，的一致
——飞机工程设计与工艺设计的侧重点不同

1. 背景

飞机工程设计的任务是设计出符合性能要求的飞机型号产品，对象是设计出飞机本体的整个结构和系统，目标是提供给用户满足使用的运载体。飞机工艺设计是按照飞机设计图样，规划合理的工艺流程，采用合适的工艺技术，利用已有的和新增的生产设备和新研制的工艺装备，制造出符合设计思路的飞机产品。

2. 主题切入

飞机工程设计和飞机工艺设计具有所承担的任务不同、技术特点不同、工作阶段不同、得到的结果不同、承担的责任不同、质量目标不同等诸多不同。所以，工作输入和输出内容各有不同。虽然如此，道不同，目的却一致。

3. 过程

飞机工程设计是一种创造性的思维过程，全面综合的辩证过程，不唯一性的选择过程，是反复性、继承性、实验性的迭代过程。输入为根据市场需求，飞机产品的初定参数环境、性能要求、结构剖面布局、机体有效载荷、航程、有效起飞重量、安全性、可靠性、维护性、经济性等，都是预想客户可能要求的。输出为一架存在于虚拟世界中的飞机。经历的过程为结构设计（理论设计）、强度/刚度设计、详细设计、工程出图（包括三维模型）。

飞机设计的结果需要飞机制造来验证，所以，飞机设计与制造打交道的过程主要是在飞机研制阶段。设计的图样是否能够在生产线上制造出来？零部件是否可以理想化地总装成飞机？飞机的性能是否能够实现设计的意图？这些都需要在研制批体现和验证，设计者在研制期，几乎全身心地跟随着制造流程走，发现设计存在问题，及时更正和完善。而一旦飞机进入批量生产，设计者则可以基本脱离制造生产线，除非构型进行大的更改时，设计者才到现场。在研制期，飞机型号总设计师起主导作用，他像在下一盘军旗，军师旅团营，连排班工兵等都用上，挖地雷，轰炸弹，一个个试验做过去，最后夺得军旗（型号合格证）。

飞机工艺设计是一种将纸上布局的结果付诸实践、生成实物飞机的过程，其重要性不亚于飞机设计过程，是要一刀一枪地干出来的活。

工艺设计的输入，第一是二维的或三维的工程图样；第二是技术和工艺标准，即工艺规范或通用技术文件；第三是工厂的生产设备和能力资源。输出物是附有全部制造工艺信息的工艺指令性文件，如飞机工艺图样、飞机工艺装备技术条件、工艺装备设计图样、相互协调的工艺装备实物、详尽的工艺规程（如零件加工程序（fabrication order，FO）、装配程序（AO））等。

这些规范性的工艺技术输出物是具有严格纪律性的技术文件，这些文件能够保证操作者有法可依，有法必依，不允许操作者随意操作，严格规定操作者在允许的范围内进行作业，也就是说工艺文件必须是唯一性的，操作者想干错都无法干错。

从研制批到批量生产，飞机的全寿命周期内都离不开制造工艺的配合，尤其是飞机进入批量生产后，为保持生产线的稳定和完善，制造工艺肩负着对型号主要的技术责任，因为此时设计构型已经冻结，设计的制造可实现性已经在研制批得到充分验证，在设计构型不改变的情况下，生产现场所有的技术问题都是靠制造工艺来保驾护航的。

因此，在飞机的整个制造周期里，作为制造方面的总牵头人，总工程师在飞机制造中要下好两盘大棋：一盘是飞机研制的布局大棋，一盘是过渡到批量生产的稳定大棋。前一盘棋为象棋，要大刀阔斧，创造尽可能多的条件，行车、跳马、翻山炮，消灭飞机研制过程中的一切障碍，最终取得整盘棋的胜利，就像中国象棋战斗第一，追求效率是为了战斗，战斗就是研制；后一盘棋是围棋，稳扎稳打，步步为营，一子一子地控制局面，保持局势不乱，为长期批量生产奠定牢固的基础，就像围棋效率第一，战斗是为了提高效率，批量生产就是提高效率。

从中国航空工业的实际情况来看，飞机产品设计的工作由飞机设计师来干，飞机工艺设计的工作由飞机工艺师来完成。从专业方面，谁也无法跨界专业去干对方的工作，从机构组织上来看，更无法超越组织去做对方所做的事情。这就是所谓的分工各异，目标趋同。

结果与思考

　　无论是飞机设计，还是飞机工艺，工作目标是一致的，就是生产出安全可靠的飞机产品交付用户，为此，真心希望飞机产品设计和工艺设计合为一家，真心希望技出一门，飞机产品设计与工艺设计技术文件同时发出，使得许多设计和工艺方面的逻辑冲突和理解上的不一致都消灭在未出世之前。这需要社会的努力、高校专业的创新、企业机构的改革等。

案例 1.9　他山之石，可以攻玉
——设计与工艺合并的大工程理论

1. 背景

就如前面案例中所述，在中华人民共和国成立初期，中国飞机工业采用的是苏联的机构模式，飞机设计和制造工艺是截然分开的两个领域。在与国际先进飞机制造业接轨的过程中，首先遇到的就是不习惯问题，因为，无论是波音，还是空客，它们的设计和工艺是一个专业，因此，面对一个多年来争论不休且一直没有解决的大问题，就是飞机设计和制造工艺要不要合二为一。业内一些专家曾经就这个问题提出"大工程理论"。

2. 主题切入

某飞机企业在型号研制时，建立了"两总"系统，即"总指挥系统，总设计师系统"。总指挥系统是单位的行政一把手系统，涉及资源调配、项目管理、生产管理、物流管理等系统；总设计师系统指的是对设计技术的管理。从字面上理解，制造工艺没有人管。按理应该有一个总工程师系统，可是，中国商飞成立时，其主要负责人对企业设总工程师百思不解，曾经问道：总工程师是干什么的？这里面也许有其他深意，但是，从"两总"系统没有明确指定谁来管制造工艺这方面来看，支撑飞机研制的两条腿，就缺了一条腿。这也成了自中国商飞成立以来制造工艺系统弱化的重要原因。

对于一个行业产品来说，制造工艺历来就应该是十分重视的一部分，特别是对于批量生产的产品来说，从维持产品批量生产的稳定性和提高批量生产制造技术的先进性方面来论，工艺的重要性在研制期后要大于产品设计。

如何来解决这个问题？看下面的步骤。

3. 过程

在目前的航空工业体制下，设计和制造分两个系统，两个单位，两支队伍，两个考核要素。设计队伍的工作目标就是保证设计的产品实现其功能，制造队伍的工作目标就是按照被批准的设计生产出符合设计的产品。

目前总设计师系统的设置实际上是在对产品设计负责，制造厂尽管设置了一个总工程师，但其级别和指挥范围仅限于制造领域，无法与型号设计师平等对话。

理想的是在总指挥的统一负责人之下，有必要在总设计师的平级上，再设立一个总工程师或总工艺师，以便有人对制造体系的发展统一考虑、统一协调、统一规划，当制造和设计出现矛盾时，在顶层有一套协调和沟通机制。在发生任何对型号不利的事情时，都能在发生的前期有效地预测，并且一旦出现影响型号研制的问题，在第一时间得到有效的解决。

逐渐在设计团队中增加工艺力量，让优秀的制造工艺大学生或经过几个型号工艺锻炼的工艺工程师进入设计团队，在设计技术文件中充分体现工艺的要求和方法等信息。

制造厂的工艺团队分三级管理，一级团队逐渐并入设计团队，进而形成设计工艺力量，把制造工艺的信息体现在飞机设计技术文件中，二级团队负责制造厂的工艺总体策划和工艺细化设计，三级团队放在操作工段，具体编制 AO、FO 等基层操作工艺文件。

设计和工艺从源头上进行融合。在大学期间，设计和工艺合并成一个专业，毕业出来就可以进行综合性工作，这样，对中国的人才培养也有好处，能够培育出真正的在飞机设计和制造方面都有丰富经验的科学家队伍。这也是技术管理上对标国际的一个重要步骤。

结果与思考

当然，以上的方案只是个人浅见，他山之石，虽然可以攻玉，但一个国家的工业体制改革绝非易事，一些公司的合并更是需要高层的智慧，大工程理论能否得到实践，值得期待。

案例 1.10 法律制定者与法律执行者
——飞机制造工艺与制造质量保证谁听谁的?

1. 背景

如果把飞机设计比作一部宪法,那么,工艺设计就是在"宪法"体系下制定的"法律"和"规则",而质量保证团队就是一个严格按照"宪法"和"法律"保障飞机制造合法合规的"执法角色",由此可以看出,就工艺和质量的关系来说,工艺是"法律法规"的制定者,而质量是"法律法规"的具体执行者和保障者。

但事实上,在飞机的制造过程中,由于在某些场合过度强调质量的位置重要性,往往把工艺在飞机制造中的作用排在质量的后面,质量的话语权经常大于工艺。

2. 主题切入

本来,在中国的航空工业里,工艺与质量的关系一直都是很顺的,工艺制定规范,质量按照工艺规范对制造质量进行控制。但某种管理体系在 20 世纪 80 年代进入中国的飞机制造行业后,形势发生了一些变化。也许是外国人太重视飞机质量了,竟然让质量部门对工艺文件进行批准。而有的引进者并没有对照国情认真分析,觉得外国的成熟经验拿来用就是,照搬照办。

3. 过程

分析国外的飞机制造厂,没有工艺设计部门,只有工艺计划部门,相当于生产工段计划,这个部门是依据工程部门下发的工程设计和工艺设计两份资料,依据工段的制造流程进行工序排布,飞机制造过程中对整体工艺的把控责任放置在飞机设计部门,称为飞机工程部门。因此制造厂编制的 AO/FO,内容相对简单,因为文字简单,所以,工厂的质量部门就要对 AO/FO 里面的主要内容进行把关批准,把关的依据是以上提到的工程部门发出的工程设计要求和工艺设计要求。

明白了上段文字,就知道了,质量部门对所谓的 AO/FO 进行批准,也是有前提条件的。

但这种条件,用在中国的航空工业里,就容易出现问题。中国的航空工业,飞机设计是不管制造工艺设计的,这部分任务归制造厂的工艺部门来负责,这就要求制造厂的工艺部门不只是排排生产工序计划那么简单了,制造厂里的工艺部门不但要对飞机设计理念理解透,也要对工厂的制造设施、工艺流程、生产组织管理等了然于胸,并且要对飞机设计的可制造性把关,这样的工艺设计具有强大的制造工程能力,是不需要质量部门批准的,质量部门只要按照工艺设计和飞机工程设计设置自己的检查点就可以了，因此，质量部门在飞机制造过程中真正起到把关的作用。

现在，如果让质量部门给工艺设计进行批准，那么，制造厂的工艺部门就会失去它应该有的地位，其重要作用逐渐会被淡化。强势的质量体系下的弱势总工程师体系，这样的队伍在企业内部就难有话语权，对外则腰杆硬不起来。

结果与思考

　　合适的管理方法，才能够适合有效的管理。质量之重要人尽皆知，但缺乏科学设计的工艺路线，质量部门的监督管理作用就发挥不好。

案例 1.11　帅之强，则业之广
——论总工艺师在飞机制造中的地位和作用

1. 背景

在飞机制造厂，工艺系统是技术领导系统，有强有力的工艺系统，才能制造出优良的飞机产品。中国的航空工业，在建立初期，对工艺系统非常重视，除了更多地偏重行政工作的总工程师外，制造厂里的技术总负责就是总工艺师了。

进入 21 世纪后，特别是计算机应用在航空工业内后，行业内有一种倾向，认为飞机设计可以在计算机上提出一切技术要求，工艺在飞机制造中的作用被有意识地淡化，甚至在制造厂内部的一些负责人，也认为飞机设计在计算机上把工艺问题说清楚了，就可以弱化制造厂内工艺部门的责任了。

因此，曾经有一段时间，飞机制造厂在大刀阔斧地削减工艺队伍，造成目前工艺系统在航空工业中的地位普遍下降，而出现的许多制造问题，缺乏有经验的工艺技术团队去有效处理，就会出现影响飞机研制进度的后果。

2. 主题切入

飞机制造行业内，凡是涉及制造技术的，都属于工艺范畴。所以，这里的工艺分冷工艺、热工艺和特设工艺等。工厂根据工作特性设置总工艺师、总冶金师、总特设师，还有一些三级总师等，而在这些总师中，一般由总工艺师整体负责，对制造厂的各个专业进行技术总协调。

因此，总工艺师应该是经验丰富的、经过多个型号锻炼的、来自基层一线的高级工程师。如果没有这个经历，会在大局上耽误飞机制造企业的工艺发展。这方面的正反例子比比皆是。

3. 过程

作为一个总工艺师，当飞机整机出现问题时，有能力分析和判断出问题的部位和原因；当部件装配出现问题时，能够确定问题的确切位置，规划排查问题原因的路线，制订解决问题的方案，并且能够组织其他专业总师一起解决问题。

由此可知，总工艺师应该具备飞机制造厂的所有专业知识，会利用一切手段和方法从根本上归零出现的问题。

这样的总工艺师必须在基层一线锻炼五年以上，最少有两个飞机型号的全过程锻炼，懂得工艺装备知识，懂得钣金工艺知识，懂得机加工艺和设备知识，懂得装配工艺，懂得冷热工艺知识，懂得全机系统知识，懂得质量要求，懂得适航知识等。当遇到难以解决的问题时，总工艺师能够第一时间出现在现场，指导生产一线解决问题。这就要求总工艺师的人选必须经历过制造全过程的历练和考验。

结果与思考

培养一个合格飞机制造总工艺师很难，要经历很长时间的实践锻炼；提拔一个总工艺师很容易，分分钟的事情，一个工厂工艺的兴衰与任命一个什么样的总工艺师密切相关。

案例 1.12　新环境下的工艺纵横捭阖
——3D 下的工艺员应该做什么

1. 背景

随着计算机在飞机行业的普遍应用，人们接触到的技术文件越来越 3D 化，如设计文件 3D 数模、工艺规范 3D 演示、AO/FO 呈现 3D 化、现场安装 3D 场景 AR/VR。这样的工作环境对工艺员提出了不同于书面纸质时代的新要求。

2. 主题切入

在进行大客型号工艺准备时，飞机设计采用了 MBD 三维模型设计，给飞机制造工艺提出了一个不得不回答的现实问题——工艺怎么办？当时，工艺队伍老人已经面临退休，缺乏计算机基础；大量进厂的年轻人都不知道飞机是如何制造出来的，别说 3D，就是 2D，他们也没有任何经历。缺乏 2D 做基础，3D 怎么能修出一条光明大道？

3. 过程

大家都说，飞机制造进入 3D 时代了，但是，先不说 3D 时代是否真的到来，假如真的到来了，各方面都准备好了吗？

（1）工艺员要熟知飞机制造的基本知识，具有一定的专业技术经历，有两个以上的飞机型号经验，如果缺少这些基本条件，那就争取做个好徒弟吧。

（2）要掌握 3D 系列工具，对计算机的应用要有专业深度，遇到任何问题，都要有利用 3D 思路去解决的能力。

（3）对飞机 3D 设计的过程了解，对七个成熟度阶段的定义要了如指掌，正确阅读和有效分析 3D 设计数模，从工艺角度为设计方案完善提出合理化建议。

（4）对所负责的制造工艺环境，进行 3D 化适应性改造，满足 3D 设计和 3D 工艺的运作要求。

（5）编制 3D 工艺文件，配套 AR/VR 相关软硬件，对产生的 3D 工艺文件与设计技术文件进行适应性验证。

（6）通过飞机研制批，对 3D 工艺文件进行考验，修正和完善研制中发现的问题。

（7）能够指导现场操作者应用 3D 设计文件和 3D 工艺文件，去生产合格产品。

结果与思考

新的发展形势，新的应用模式，年龄和经验优势的结合，打造出新一代飞机制造工艺队伍，以新工具弥补旧方法之不足，取长补短，相得益彰。

案例 1.13　练兵练什么？
——几经磨难的工艺大练兵

1. 背景

某飞机制造厂鉴于工艺员队伍过于年轻，在厂长的提议下，开展工艺大练兵的活动，我受命担任大练兵的总指挥和总教练。我本想带领大家从 2D 基础练习起，逐渐进入 3D 探索和练习，没有想到，练兵到中途就停止了。

十几年过去，面对依然腰杆不硬、话语权不多的工艺队伍，我再次提出了工艺大练兵。

2. 主题切入

两次大练兵，面对的问题是一样的，都是为了解决工艺队伍能力不足的问题。第一次大练兵，因练兵耽误日常工作而停止了。第二次练兵又是不了了之。对于练兵，首先是企业的技术领军者要有正确的认识，要有练兵的迫切心情。也就是说，领军人物要能够看到企业需要什么，企业短缺什么。领军人知道了企业缺什么，才会依据企业的需求策划培训计划，才会开展有的放矢的练兵活动。

3. 过程

从生产现场了解，飞机生产现场不会说假话，工艺的弱项会在生产产品的质量、生产活动的计划进度、生产规律的平顺性等方面直接暴露出问题。

从质量部门了解，质量部门有产品质量问题的准确统计数据，从这些数据中，可以找出工艺弱项的规律性，产品质量作为练兵的依据之一，有的放矢。

从供应商处了解，大部分产品是在供应商那里制造，供应商是按照主制造商规定的工艺方法来加工生产，工艺方法是否科学合理，供应商最有发言权，哪个地方常常出问题，哪些问题长期无法解决，都会在供应商那里暴露无遗。而且主制造商的工艺员一次次到供应商处处理问题，一次次的效果都不太好，这也说明主制造商的工艺在哪里出现问题了。

从飞机设计那里了解，飞机设计的思想是靠制造工艺来实物实现的，设计的理念，制造工艺总无法实现，而设计本身又没有逻辑问题，那么就是工艺有短板了，从一个侧面，设计会对工艺的基础薄弱问题影响飞机研制和生产有深刻的体会。

制定练兵计划，结合生产实际练兵，不求高大上，但求基础扎实。踏踏实实，一步一个脚印，让参加练兵者循序渐进地掌握扎实的工艺知识。

开展练兵活动，随时检查练兵效果，发现问题，及时调整。在练兵活动过程中，可以单人历练，也可以三人一组、五人一伙地练习，针对练兵模型，边练边到生产现场实地观察和验证，找出优点，发现缺点，改变方法，完善工艺，在多次循环中提高自己。

每个专业都有本专业的练兵计划、练兵方法和练兵目标，处处撒种，枝枝开花，棵棵结果。

结果与思考

练兵工作要经常做，且有针对性，针对新人、针对专业、针对型号、针对供应商等。

案例 1.14　公婆都有理
——中国航空制造工艺与欧美航空制造工艺的区别

1. 背景

中国航空工业的工艺与欧美航空工业的工艺有什么不同？这个问题本来不想成为一个案例，但现在，在这方面存在模糊认识的人太多，以致在处理大量生产问题时，会出现不知所措、延误进度的现象，所以有必要在这里作为一个案例，进行简要阐述。

2. 主题切入

先看第一个例子，某一款飞机在进行方案设计时，对全机活动面进行了定义，并编制了活动面互换协调项目。按照中国航空工业的专业分工，设计来保证工程策划界面上的尺寸协调，实现实体的互换协调就要靠制造工艺来保证了。而在研制批，由于复杂的原因，这些互换项目没有实现互换，这些协调项目也没有实现协调。为了解决这些问题，一开始这个工作落实给飞机设计师来牵头做，组织设计队伍，进行专题攻关，限期解决这些问题，而制造工艺却处于可有可无的配合角色。好多年过去了，问题依然存在，只有到型号总工艺师接手这些问题时，才从制造工艺方面制定了彻底解决这些问题的方案。是设计来牵头，还是工艺来牵头？能否淡化工艺在飞机制造中的作用？

第二个例子，飞机制造公司的工艺到底要做什么样的工作？这涉及 AO/FO 细化问题，一直在对标国际，但不知道如何对标，只看到了些皮毛，没有看到实质，只学到了枝节，没有学到全部，只应用到了自己觉得有利于自己的东西。研究发现，欧美的 AO/FO 实际上是一种生产过程中的工序排列，很大程度上是一份生产计划，它排出了先干什么，后干什么这件事情。这符合欧美的制造工程管理原理，因此，AO/FO 的工序内容就可以简单到"按图制造"这几个字，至于如何制造，飞机设计工程在一份制造工艺图样上给出了详细的操作方法，只要 AO/FO 的工序和工程图样对应起来，就可以正确操作了。而国内的飞机设计图样上没有给出详细的制造信息（这是问题的关键），如果制造公司的工艺以对标国际为借口，既不进行工艺设计，也不在 AO/FO 中给出详细的操作方法，那么，没有严格统一的操作指令，全靠操作工人的主观能动性，随意发挥，造出来的飞机就可想而知了。

3. 过程

通过上面的例子可知，欧美在飞机制造工艺方面的工作都由设计部门在设计阶段完成，制造部门的工艺实际上就是生产部门内的工序计划员，他们的工作就是拿到飞机设计工程部门的飞机设计定义图样和飞机制造工艺图样或者说包含详细制造信息的设计图样，根据制造单元的设备情况和工人的能力状态，进行工序上的派工，从而形成 AO/FO。

在中国的航空工业体系内，飞机设计是不负责工艺设计的。除非将来发展到让他们像欧美一样把工艺的事情干起来，然而，这是一种宏大的体制上的改革，牵涉社会的方方面面，不是一家飞机公司可以干起来的。那么，就目前的这个体制，只能是设计负责设计，工艺负责工艺，工艺必须要做好自己的事情。也就是说，中国的飞机制造工艺要做三步工作。

第一步，在飞机方案设计时，就要根据飞机制造的实际能力对设计的可制造性进行审查，不要让飞机设计人员思路不着边际地任意飞翔，要把设计人员的设计思想限定在制造可控的范围内，这个阶段，工艺人员要给设计人员提供大量的制造能力信息，帮助设计人员在设计过程中贯彻工艺制造的规律，这就是并行工程。

第二步，拿到阶段性或最终的飞机设计图样（或数模）后，工艺团队就要进行详细的工艺设计工作，其成果就是生成可以用于指导操作者进行正确作业的制造工艺规程。这个文件严格意义上与现行的 AO/FO 有本质方面的区别，其最大区别在于，把欧美由飞机设计工程做的那部分工艺工作，在制造工艺规程文件上做出来，从某种意义上讲，是把欧美飞机设计的一部分工作转移到中国的制造厂里做。

第三步，在飞机研制批，随着飞机设计的大量更改和完善，制造工艺对发布到制造生产线上的制造工艺规程进行维护性修改、调整和完善，最终达到飞机设计构型冻结时的工艺文件的最终状态。

尽管近些年也采用了飞机研制成熟度的概念，但工作分工依然是设计只负责设计，制造工艺也只负责制造技术，依然没有脱离苏联的管理模式，而在与欧美对标中，还是没有考虑清楚飞机设计和工艺设计的分工合作问题。

这就是中国飞机制造工艺与欧美飞机制造工艺本质上的区别。

结果与思考

在进行管理评审时，到底是对标欧美，还是参照国内标准，公说公有理，婆说婆有理，其实公婆都有理。当从国外引进技术方法时，要同中国的具体实际相结合，才能够服水土，接地气，易成功。

案例 1.15 缺钙补钙，缺铁补铁，补基础的维生素多吃
—— 如何使工艺员的腰板硬起来

1. 背景

作为一个飞机制造的主制造商，对供应商在制造方面的有效控制是工艺力量强的体现，如果主制造商的工艺能力不足，则会产生方方面面的不良后果。主制造商的领导很关注这个问题，一天，公司董事长约我聊天，谈谈如何提高公司的工艺能力问题。

2. 主题切入

如约来到董事长办公室，开门见山地切入聊天主题，董事长说："今天咱俩聊聊公司工艺能力不足的问题，一直以来，公司的工艺团队存在着对外（供应商）说话腰板不硬，对内（集团公司）没有话语权问题，这个问题一直困扰着公司有效地解决型号制造问题。"董事长先从三方面谈起，如何才能在型号制造中充分发挥工艺系统的主导作用；如何把公司工艺引导到一个与生产实际的结合点，解决现场问题；如何在智能制造新技术方面提高工艺水平。

3. 过程

其实，工艺问题长时期以来一直是公司存在的问题。我告诉董事长："对这个问题我曾经进行过客观深入的研究。"

我分析了公司工艺的发展历史和近十年所走过的弯路。公司从 20 世纪 50 年代初建厂以来，并不是一家正规的飞机制造企业，没有一个长期生产的飞机型号，在工艺技术方面，一直没有融入中国航空工业的技术体系，进入 80 年代中期，引进组装外国的整机，同时也全盘引进国外公司的管理模式，对于中国航空制造技术体系，几乎是完全陌生。

在组装外国飞机时，按照外国的生产体系，建立了制造工程部门，当时的工作主要是翻译外国的 AO/FO，用于飞机现场的生产，这个管理体制在外国的管理体制中是没有问题的。其中最重要的一点就是，该制造厂不需要进行指导制造的工艺设计，工艺设计的整套资料都由外国提供，当时称工艺明胶板。操作者的制造依据就是工艺明胶板，生产线上进行工作时，拿上一块有效版次明胶板就可以按图索骥，进行飞机制造了。在这种情况下，**AO/FO** 也就是一种分工路线表，很简单，也是工人记录工作数据、获得工时的凭证，同时也是检验人员验收产品的盖章之处，所以，长期以来，这个企业用"买"一词来表示完

成了 AO/FO 规定的任务。

从以上描述来看,这个制造工程部门其实不是工艺技术部门,而是工厂生产体系下的负责制造路线分工的计划部门。在外国公司,用了 PLANNER 来表示制造工程部门的人员,这方面的实际情况,我在 1998 年到外国这家公司进行了数周的调研和培训,十分清楚它们是怎么回事。

后来,中国的民机再次试图从干线机起步,用的也是外国的类似机型,采用的管理体制也是外国的管理,甚至 AO/FO 也都是原文翻译。干线只生产了两架飞机,就停产了,但是,外国的管理体制仍然在这个中国工厂延伸。21 世纪初,开始研制中国的新支线飞机,其设计参考机还是类似机型,这样,外国的管理体制继续在这里有效,甚至连各种术语都继续采用英文及缩写。那么,AO/FO 基本上还是照原来外国的 AO/FO 翻译过来。但是,此时飞机设计所发出的技术文件就缺少了用来具体指导制造的工艺设计图样了,制造现场一时间混乱频出,操作者完全失去干活的方向了。在这种情况下,急需工艺设计资料,这对于制造工程部门的人员来说,就是要把工艺设计的详细内容细化到 AO/FO 里,巨大的问题就来了,制造工程部门的人员一直没有进行细化工艺操作程序,理由是 AO/FO 写得越细,出错的概率越高,责任越大。

从以上分析来看,这个公司的工艺团队与普通意义上的工艺团队完全是两码事,所以才会在供应商面前腰板不硬,在集团公司内部无话语权。

如何解决董事长提出的问题,我给出了三条建议。

第一,从集团公司层面上策划,让飞机设计承担工艺设计的职责,在发出飞机设计图样的同时,发出飞机工艺设计图样;这一项建议实施起来是要翻江倒海,花费巨大力气的,要知道,当前的飞机设计队伍是不具备制造工艺专业能力的。

第二,改变目前制造厂工艺体系的职能,让其担负起工艺设计的责任,按照飞机设计图样,进行工艺设计,发出工艺图样,或者通过细化 AO/FO 来进行工艺设计。这是最容易实现的建议。

第三,把工艺设计交给供应商去做。

以上三点建议,无论哪一条实现,都会使得工艺的腰板硬起来。当然,哪一条实现都不是一朝一夕的事情。

结果与思考

所以,工艺员腰板硬不起来不只是工艺员个体缺钙,还有管理体系有待会诊!

案例 1.16 供应商的事情就是主制造商的责任
——主制造商工艺如何指导供应商工艺开展工作?

1. 背景

"主制造商-供应商"模式是目前国内民机生产的依靠模式,按照道理,供应商的制造工艺应该由主制造商的工艺来指导,这就要求主制造商必须有一支强有力的工艺团队。

2. 主题切入

目前,世界上主流飞机制造商,采用的都是"主制造商-供应商"模式,在这种模式中,强主制造商是发挥该模式的正向思维,而供应商在强主制造商的引导下,会使合同的甲乙双方合作得很顺利,甲方让乙方做什么,乙方会毫无质疑地去照办、去执行,其执行结果必定是甲方想要的。

而假若是弱主强供的情况,就会令人担忧。主制造商缺少能力,更缺少信心去给供应商提供正确的和有效的指导;而供应商知道主制造商的缺点和弱点,就会在生产主制造商的产品时,不严格按照主制造商提出的要求去做,会偷工减料、隐瞒缺陷、粗心大意、强词夺理,会把去处理问题的主制造商代表给请回去,会把不合格品当合格品交过来,当让其进行整改时,供应商会反手一伸,让你拿出方案,而拿方案正是弱主制造商的短板。

面对这种情况,该怎么办呢?除了打铁还得自身硬外,要注意从以下方面入手去解决困境。

3. 过程

在飞机研制初期,对供应商进行充分的调研和了解,知己知彼,方能百战不殆。要知道供应商家里有几瓶酱油、几罐醋、几斤盐,要充分弄清楚供应商的"家底",在后续处理供应商问题时,就可以因地制宜,把事情做实。

要虚心向供应商学习和请教。伸手不打笑脸人,把自己的姿态放低,才会换来真心的对待。高傲的抬头,只能会使别人含而不露,你也就得不到所求。

"供应商的问题就是自己的问题",这句名言不只是说给别人听的,而是要求自己践行的。供应商出现了问题,首先把责任承担下来,也许这些问题是因为主制造商没有说明白,也许是主制造商的要求有问题造成的,也许是主制造商把控不严造成的等。当主制造商把责任主动承担下来了,一般来说,供应商也不会牺牲自己的信誉去再犯同样的错误。

当主制造商缺少一个学富五车的领军人物，一定要快刀斩乱麻，及时改换教头。一个能够承担重任的领军者，必定会把大家领向光明。所以，勇于换将，才可保项目。

结果与思考

主制造商有效指导供应商的技术，关系到主制造商的生与死，而不是强与弱。主制造商在目前还处在弱势的情况下，唯有卧薪尝胆，才能控制大局。

案例 1.17 没有规矩，不成方圆
——飞机制造基准之争

1. 背景

飞机制造是一项复杂的系统工程，如同任何机械制造一样，制造过程中，制造对象结构之间的相互位置和配合关系往往是以科学的基准来作为制造依据的。近些年来，国外飞机五花八门制造技术的引进，使得在民机制造方面，就基准的问题产生了争执。

2. 主题切入

众所周知，国内飞机设计和飞机制造分企业和事业两部分。事业单位的设计师只管飞机结构和理论设计，而把工艺设计放在制造企业里来做，因此，飞机设计从飞机全机坐标系方面建立了飞机的理论基准，这些基准通常情况下，都是没有建立在飞机结构实体上的点、线、面，在生产中往往无法直接利用。因此，在飞机制造过程中，还要建立零组部件落在实体上的点、线、面的加工和装配基准，称为工艺基准。

在飞机制造过程中，全机坐标系是无法直接拿来作为加工和装配依据的，但却发生了在整个制造过程中，不设计工艺基准，而只拿全机坐标系来做依据的情况。

3. 过程

设计系统和制造系统分属设计院与制造厂，大家各负其责，用功做好自己的分内工作。本来相安无事，却在还没有完全吃透欧美体系的情况下，就一味将其全盘引进，不加分析，照本宣科，形成自己的一套东西。

这就有了飞机制造不要制造基准的麻烦事情。

对于飞机制造基准来说，一共有两类，一是零件的加工基准，二是组部件的

装配基准。装配过程中的基准分两次定义，第一次是在飞机结构设计时根据飞机气动外缘准确度的要求由飞机设计师确定的飞机装配基准，第二次是在工艺准备时由工艺工程师采用合理的工艺方法和工艺装备，以保证飞机设计师指定的装配基准的实现为目的而进行的工艺设计时，确定的装配工艺基准。

而有些飞机设计却在定义了全机坐标系的借口下，不给出装配基准，再加上没有工艺设计这个关键过程，也就没有了装配工艺基准的概念了。理由就是所有零部件制造都要符合全机坐标系。把很关键的一个环节省略了，以致在遇到装配问题时，分析无依据，解决无基准，决策无方向。

正确的做法是，根据飞机的结构特征，在全机坐标系的框架下，把整机划分为若干大部件，将部件按照其工艺特征划分为装配单元，同时，层层确定其装配基准；根据装配基准设计出工艺基准，从而确定装配定位方法；特别重视装配的核心技术，选择保证协调互换准确度的工艺方法；确定各加工和装配单元的交付状态及技术要求；详细编制装配指令性工艺文件 AO/FO 等；依据各个阶段的产品基准，研制工艺装备，提出所需工具等。

以上就是制造一个型号飞机所必须走的路程。

当然，这里面还有很多复杂的技术因素，在此就不展开讨论了。

🔍 结果与思考

在飞机设计和工艺还没有合并成一体的情况下，设计必然只做设计认为该做的事情，工艺也必须下功夫做好自己该做的事情，这样才能够协调默契，共同行动，制造飞机。

案例 1.18　正所谓"水到才能渠成"
——飞机制造技术准备的输入和输出

1. 背景

一款飞机的问世，从立项到交付，要经过一个漫长的历程，在这个历程中，主要里程碑的阶段是飞机设计阶段和飞机制造阶段，而在飞机制造阶段，科学而有效的制造技术准备是保证飞机成功飞上天的重要一关。

2. 主题切入

技术准备是一项专业性很强的工作，本案例主要介绍飞机制造方面都有哪些技术准备，以及技术准备的输入和输出。

3. 过程

飞机制造技术准备工作包括以下各项工作。

（1）制造工艺性审查与四新汇总。

制造工艺性审查的对象是飞机设计的具体图样，在中国航空工业行业，飞机设计和制造工艺分属于两大行业。飞机设计只考虑飞机的使用性能和设计完整性，是否能够制造出来，需要制造工艺来把关，称为飞机工艺性审查。飞机设计图样出来后，按照飞机设计规范，行业的技术政策、技术法规和技术标准，结合生产实际（包括生产技术水平、制造设备能力、产品检测手段等），工艺要对设计图样的加工合理性、可加工性、制造经济性、可靠性等进行工艺性审查。其目的是产品在满足技术要求的前提下符合工艺性要求，尽可能在现有条件下用比较经济、合理的方法进行制造。

飞机设计工艺性审查的主要内容包括飞机结构关系是否合理，结构规格化与标准化程度如何；材料选择是否经济合理，加工性能是否良好；产品的结构继承性和工艺继承性是否可行；设计图样的一致性和协调性是否科学；生产制造过程的稳定性、一致性和工艺性是否可以保证等。

四新指新技术、新材料、新工艺和新设备。一个飞机制造企业不可能拥有世上所有的技术和工艺，在对设计进行工艺性审查时，要仔细研究现有制造条件还缺少哪些，在和设计讨论是否可以更改设计结构以便适应现有条件以后，对还无法满足的条件就要进行对制造企业本身的能力提升，工艺性审查过程中就要汇总这些需要具备的条件清单，提前进行生产能力储备，以便适应新机研制的要求。

（2）工艺设计与技术文件编制。

在进行工艺性审查的同时，就应该开展工艺设计活动。工艺设计分整机总体工艺设计、部组件工艺设计、零件工艺设计（机加零件工艺设计、钣金零件工艺设计、复合材料制件工艺设计、锻铸件工艺设计）、工艺装备设计制造等。

在进行总体工艺设计时，就要对飞机制造中的协调方法和协调路线进行确定，此过程要产出《工艺总方案》《装配协调总方案》及各专业协调图表等指令性工艺文件，还有生产制造分工路线的规划、协调工具的技术条件、批准工艺布置规划图等。

总装工艺设计，消化设计图样，提出用于飞机总装的工艺装备（地面设备和试验设备）技术条件，编制 AO 技术文件，进行工艺布局规划，规划总装站位，准备工艺辅料计划等。

部组件工艺设计，消化设计图样，提出制造产品的工艺装备技术条件，编制 AO 技术文件，进行工艺布局规划，准备工艺辅料计划等。

零件工艺设计（机加零件工艺设计、钣金零件工艺设计、复合材料制件工艺设计、锻铸件工艺设计），类似消化设计图样，提出制造零件产品的工艺装备技术条件，编制 FO 技术文件，进行工艺流程布局规划，准备工艺辅料计划等。

工艺装备设计制造，进入生产准备阶段。

（3）工装设计制造与生产线建设。

工艺装备按照飞机制造技术专业分装配工艺装备，机加工艺装备，钣金工艺装备，地面与试验工艺装备和专业工刀量具等。工艺准备过程中提出所需要工艺装备的技术条件，工艺装备设计部门进行针对性的专业设计，制造部门进行专业制造，然后，在制造一次合格后，交付给飞机生产线上使用。现在的先进生产线也属于工艺装备类。

（4）技术改造与制造能力建立。

技术改造指的是为满足生产能力而添置的各类通用和专业设备，属于固定资产，与工艺装备管理方式不同。工艺装备是非重复费用管理，摊销在飞机制造架次成本中；机床设备是重复性费用管理，按照折旧费用消化。

（5）科研攻关与成果转化应用。

对于四新的解决，企业要组织各方面力量进行立项攻关，力量来自企业内部、高等院校、研究院所，甚至民营企业等。有效的科研攻关会给企业带来能力方面的提升，国家会在科研攻关方面给予有力的支持。在这个过程中，攻关结题的成果转化特别重要。

结果与思考

技术准备得是否有效，直接影响到型号的研制结果，影响到飞机的质量和安全，重视技术准备就是保证飞机的质量。

第二章 工艺装备

飞机工艺装备（简称工装）是飞机制造中的关键设备，网上关于工艺装备有很多的定义，但作者觉得下面这个定义最完美。

"飞机产品在制造、检验以及系统测试、地面支援等生产过程中所使用的专用装备称为飞机工艺装备（简称工装）。有些工装与相关设备配合使用，以满足制造工艺的需要"[摘自《飞机工装设计手册》（西飞工装设计所）]。

近十年，由于飞机制造局部实现了自动化生产，所以，引进了生产线概念，而生产线是工艺装备的升级版，也是工艺装备的一种新的形式。

在飞机制造过程中，发生的形形色色的案例，大多与工装有着方方面面的联系，因此，把工艺装备放在本书的第二章，有利于大家尽快对飞机制造产生深入的理解。

案例 2.1 工欲善其事，必先利其器
——飞机制造企业中，为什么说研制飞机就是研制工装？

1. 背景

在飞机研制期间，作为飞机制造企业，打的第一个硬仗就是飞机生产准备，飞机生产准备是为飞机制造建立具有逻辑性和实用性的生产线，实际上就是进行各类工艺装备的设计和制造，所以，在飞机生产性企业里，一般都设置了生产准备部门。

近些年来，随着数字化在航空工业上的应用，自动生产线的引入，大有否定飞机工艺装备的意味，说飞机研制可以不要工艺装备了，工艺装备就是落后生产力的体现等。所以，有必要在这里再强调一下工艺装备在飞机制造中的核心作用。

2. 主题切入

人吃饭要有碗筷，打仗要有刀枪剑戟，拧螺丝钉要有工具，而制造飞机的碗筷、刀枪剑戟、工具就是工艺装备，它既不同于通用机床设备，也不同于普通标准工具，它是为特定飞机型号而专门研制的。没有这个装备，再优秀的飞机设计都无法实现飞机上天，再精密的零件都无法有效地装配在一起。

飞机产品是用户的资产，而工艺装备才上永远属于飞机制造厂的看家宝贝。做好工艺装备，掌握工艺装备的研制技术能力，才能练好飞机制造企业的内功，增强飞机制造企业的核心竞争力，加快飞机研制的进度，提高飞机制造的质量水平，因此，固化飞机制造企业的工艺装备研制基础，是需要飞机制造企业下大功夫的。

3. 过程

20世纪50年代，苏联帮助中国建立航空制造基础时，把工艺装备技术作为飞机制造厂的第一关键技术进行转让，模线设计、样板制造、工装设计、工装制造，全套技术一应俱全，包括厂房规划、位置设定、设备配备、工种策划、环境要求、编号规定、人员数量及素质等，都是按照苏联航空工业的模式照搬过来，毫不走样。

就欧美航空企业来说，他们把工艺装备作为工厂的核心能力，甚至机密技术对待，外来参观者可以到飞机装配现场参观考察，但从来不可以参观工艺装备设计和制造部门。工艺装备专业人员（包括技术人员和工人）的薪酬待遇一般是飞机制造其他专业人员的4~5倍。

由此可见工艺装备在欧美航空企业受到的重视程度。就中国航空制造企业来说，工艺装备研制专业也是规模不小，五脏俱全，有工装毛坯制造专业、用于飞机基准制造的模线样板研制专业、用于生产钣金与复合材料制件的模具专业、用于加工机加零件的机床夹具专业、用于飞机装配的型架专业、用于飞机地面和试验的辅助装置专业、用于飞机专用刀具和量具专业。应该说，这是一个成体系的机械制造厂。飞机制造各个车间和总厂，每天都会有对接工装部门的业务发生，有新提申请设计和制造的工装，有磨损要返修的工装，有更改完善的工装，有大检小检的工装，还有现场制造配合的工装等，为什么说只要在工装专业工作过，就会从根本上理解和了解飞机制造的全过程，这就是因为工装的研制过程实际上就是飞机制造的逆过程，只有对飞机产品结构和性质特别清楚者，才能设计出制造合格飞机产品的工装，因此，工装是飞机制造的核心技术。人们常说，研制飞机就是研制工装，道理就在这里。

中国的运-20，因为有了强有力的工艺装备研发能力，工艺准备、设计验证、制造装配开展得极其顺利，飞机首飞日期比原计划提前了一年半。因此，完整的工艺装备研发体系，是保障飞机研制周期的一个很关键的要素，特别是在解决互换协调问题方面，雄厚的工艺装备底蕴会起到决定性作用。

结果与思考

如果飞机研制失去了工艺装备技术，对于一个飞机制造企业，无疑是釜底抽薪，基础不牢，要受外人制约，会严重限制飞机的研发能力。

案例 2.2　苏联模式转欧美模式，观念大转变

—飞机工艺装备基准转变的点点滴滴

1. 背景

工装基准是工装设计、制造、使用、检测中的核心要素。工装基准的选择实际上是建立工装坐标系的依据，其合理性直接影响工装的制造和使用效果。在世界的航空制造领域，工艺装备的基准结构形式有苏联模式和欧美模式。中国航空工业建立初期，采用的是苏联模式，并且广泛使用了 40 多年，到 20 世纪 80 年代，随着美欧转包生产的引入，逐渐改为欧美模式。就是这么一改，引起了理念上的冲突和文化上的分歧，发生了一个个有意思的故事。

2. 主题切入

苏联航空工业的工装基准称为"标高"，常常是浇套式的。什么叫"浇套"？简单来说，就是在工装机体上，焊接一个带漏孔的"杯套"，通过型架装配机或划线钻孔台，按照 50 毫米的倍数在杯套中用快干水泥把用作标高的一个机加铸件固定下来，作为工艺装备的自身基准。也有叉耳式基准，用于卡板定位和检查型架变形的依据。

欧美航空工业在做工装基准时，采用的方式是以机加面为基本方法，以工具球座为现代模式，不知道是因为当时没有苏联的快干水泥，还是因为机械加工设备过剩，它们没有采用苏联模式。

往往进入苏联模式产品的车间，看到的是一片浇注的工装定位器，而进入欧美模式飞机产品的制造车间，没有浇注形式，全是机加结构框架。

3. 过程

随着转包生产的进行，欧美飞机的机型越来越多，苏联仿型机越来越少，以及后期国内的新研飞机趋向欧美化，国内工装设计师觉得快干水泥的易损性、稳定性低和精度不高等缺点正是机加方式可以克服的，逐渐向欧美模式靠拢，除转包生产按图要求必须采用机加基准外，国内的机种也逐渐习惯设计成机加基准了。

刚开始，许多人接受不了这种理念，总觉得别扭，例如，我的 1958 年从知名航空大学毕业的师父都没有想通，为什么用得好好的浇沙技术标高改为机加技术。他可是德高望重的工程师，我们师徒俩对此问题进行了全方位的讨论，其中，有不同意见的争执，也有共同认识的一致。

那个时候，我刚刚从大学毕业，正在型架车间做工艺工作，无论是苏联模式，

还是欧美模式，我都才开始进入学习模式，也就是说，较少地对已有模式存在不愿改变的固有观念，更容易接受新鲜事物。

在认真地研究了波音公司的相关技术标准和大量地查看飞机工艺装备图样后，总结出如下特点。

（1）欧美基准的设计结构完全没有快干水泥和环氧树脂胶的非金属成分，它直接在金属结构体上焊接出带加工余量的做基础的底板，经过机加手段，精确地得到所需要的基准平面，如果要求，也可以在金属骨架上制出作基准（安装工具球）用的直径为 6.35 毫米的孔。

（2）长期使用，不存在材料不同引起的热膨胀开裂的弊端。

（3）可以在基准上打出坐标数据，以供工艺装备定期检查用。

（4）基准稳定性好，抗外来物的撞击。

（5）有利于坐标系之间的转换。

很快，结合原有的苏联模式，总结出两种方式各自的优缺点，我们在工装设计和工装工艺间进行交流、讲课和争论，最终达到认识统一。

结果，既减少了原来的半成品标准件库存，又缩短了制标准的生产周期，也方便了工装装配钳工的操作。只是对机加大设备提出了更高的要求。

从近些年来对俄罗斯航空工业的考察发现，俄式工装基准也有向欧美靠拢的趋势，这可能是世界上大型加工设备的应用越来越普遍带来的影响吧。

结果与思考

反思这件小事，可以看出，航空工业制造工艺的发展趋势随着工业进步的行程，都在向更适合生产力发展的方向迈进，特别是现代加工技术的高科技引领，百川汇流大海，必定会使国际的标准化更趋向一致。

案例 2.3 DNA 一致，才能保持血统一致
——装配工装与零件工装之间的协调关系如何策划？

1. 背景

装配工艺装备是飞机工艺装备系列中最重要的一类设备，它承担着把加工完成的一个个飞机零件和标准件进行组装的任务，一旦装配工艺装备出现问题，将会使辛辛苦苦制造出来的飞机零件派不上用场，或者使其报废。在飞机装配出现问题时，往往把第一个怀疑点指向装配工装，本案例在假设装配工装出了问题的情况下，探讨如何查找。

2. 主题切入

形成装配工装实物的依据有工程图样和技术要求、工装技术条件和工装申请单、工装图样、工装制造用协调基准（标工工装包括工装样板等）、飞机产品检验依据等，一旦怀疑装配工装出现问题，就要从这几方面入手查起。

3. 过程

（1）装配工装的定位基准是否与工程图样上的产品基准协调一致？一般情况下，要求工装基准与产品基准保持统一，例如，机身上的框、梁、长桁、接头等结构件，翼类上的前后梁缘条、腹板，活动面的接头、滑轨、主起接头等，常作为装配和检验的基准，如果基准关系之间没有问题，继续下一步。

（2）工装设计图中与装配产品之间的外形、结构等尺寸的选取是否出现问题？装配工装在设计时，所形成的实体结构与装配对象是镜像关系。工装设计常常被开玩笑地说成是脑袋里有反骨，或者说脑海里有倒影，看见产品图样，就能反射出对应产品的装配对称实体，这就是工装设计进入了状态，是个好设计员。在实践中也发现，对有些复杂的飞机结构件，特别是在空间尺寸特别难算的情况下，个别设计员就被产品设计图样牵着鼻子走，转不出来了，设计的工装就无法正确定位产品了。例如，像主起接头这样涉及三方主体件（主起落架是一方，机翼是一方，机身是一方，故称三方主体件），多工位形成装配结果的复杂结构，装配出问题的现象在研制期常常发生，装配工装设计出问题的现象也不是少见的。遇到这些问题，必须尽快协调工装设计方案，加班加点改造工装实物。

（3）工装设计图样如果没有问题，接下来就看制造装配工装用的协调依据有没有问题。装配工装的协调依据常有标准工装（样件、量规、标准平板、工装标准样板等），数字量传递中的基准数据和实际测量数据，工装制造过程的通用工具（激光跟踪仪、常规光学仪器、基准平板和高度安装基准板等）。这一步其实比较直观，直接上工装进行现场验证即可。我的工作生涯中，遇到的这种事情数不胜数，练就一副"火眼金睛"，只要到现场一看，就可以判断出问题的要害部位了，基本是八九不离十，甚至百发百中。

（4）如果以上的问题都排除了，那么还有一种情况是，工艺装备在用户提出的技术条件方面出现问题。一套复杂的装配工装，如果碰到一个有经验的装配车间工艺员，所提出的工装技术条件应该是清晰、明了、无异议的，加上一套巧妙完美的工艺设计流程，也就是装配流程，那么，工装设计员的设计思路也是通畅的，用户和工装研制者配合默契，出来的装配工装一定是成功的。如果遇到没有经验的产品工艺员，本身就对所装配的产品不太清楚，头脑里没有成熟的装配思路，所提的工装技术条件必定丢三落四、稀里糊涂，让工装设计人员无从下手，会天天找技术条件提出人来讨论清楚，这样设计出来的装配工装出现反复是可想而知的。当然，工装设计中如果有经验丰富的设计员，会带着产品装配工艺员一步步走向成功，这是最理想的，大家都省事，我遇到过一些这样的工装设计，都是飞机制造厂里的技术骨干。

（5）还遇到这么一种特殊情况，值得和大家分享。1997 年隆冬，我在厂房带领大家大干干线飞机机翼翼盒装配。我已经七天七夜没有回家了，饿了，吃口盒饭，困了，躺在机翼翼盒总装型架工作平台下的空间里，盖着车间大门的棉门帘凑合一下。我们的目标就是尽快把机翼翼盒装出来，提供给飞机总装厂进行首架机总装。时间紧迫，不得有任何差错出现。经过全体现场工人和技术人员的共同努力，黎明时分，终于把翼盒从装配型架上吊下来了，翼盒放在一个专门用于外形检验的工位上，等待早上上班，客户代表到现场进行外形和角度验收。经常亲临现场进行指挥的公司总经理也在这个关键时刻提前来到厂房工作现场，一切准备就绪，现场处于紧张的状态。

8 点 45 分，客户代表，一个大胡子美国人来到翼盒检查工位，他从随身带的文件包里取出一张 A4 大小的检查表，开始正式检查。首先，他围绕翼盒转了几圈，时而踮脚看翼盒上表面，时而蹲下查看翼盒下表面，转转定位销棒，量量检验间隙，都没有指出问题。最后他拿出一个工具，开始最后一个环节的检验，就是检查机翼的安装角度，这个角度十分关键，直接影响到机翼在飞机上的状态。在反复比对测量的结果后，这位大胡子美国人把眉头皱了起来，总经理在我的边上，问我："怎么回事？"我摇摇头："不知道。"这时，客户代表向这边走过来，用英语对我旁边的总经理说："十分抱歉，你们的翼盒装配出现了严重问题。"听到了客户代表沉重又有点得意的话语。总经理立马拉下脸来，说："立刻查清楚。"

我走向客户代表，问他："出了什么情况？哪个地方不对？"他告诉我："你们装配的机翼翼盒角度与理论值差了 15°。"我冷静地跟他说："你能够把误差的部位指给我看吗？"他斜眼看了看我，犹豫了一下，说："OK，过来。"带我去了翼盒后梁根部，他说："这里有个检查点，这张表上清清楚楚地显示测量数据与这个机翼翼盒角度相差 15°，你怎么解释？"我又用他的测量工具检查了一下，我先没有看他的那张表，对照我手中的检验表数据看了一下，OK，没有错呀，完全符合表中理论数据。这个时候，我一下子明白了，我差一点让他的失误给蒙过去。原来，这个机翼翼盒在这里装配后的检查安放状态和到总装厂装配时的角度状态分别是两种状态，我手中的状态表是这里的状态表，而老外手中的应该是总装厂的状态表，当然了，用总装厂的状态表来检查部件装配下的翼盒状态必定是南辕北辙，驴唇不对马嘴。我心里有些数了，对客户代表说："让我看看你手中的表格，好吗？"客户代表也很爽快，得意地取出他的那个表格，说："看看吧，王先生，是不是你们做错了？"我仔细地看了一下客户代表给我的表格，在表格的最下面，有一行英文注释：该表用于机翼在总装工位与机身对接装配状态下的测量。我立马指给他看，他看到这句话，一下子把口张得老大，开始抓耳挠腮了，马上不好意思地承认道："王先生，你们没有错，是我的错误。"他又在包里找出和我的依据一样的表格，重新进行了测量，转身告诉我："你们干的非常漂亮，角度完全正确。"客户代表陪我向总经理走去，总经理身边的人告诉总经理："过来了。"总经理转过身，脸色依然凝重，看到我脸上有些笑容时，总经理反而有些疑问了。我走向前，对总经理说："咱们的活完全正确。"客户代表把总装厂用的检验表格拿来检验的翼盒，结果对不上了，他错了，总经理放心，可以按期交付产品了。总经理用疑问的眼光看着他，他说："王先生说的符合事实，你们的产品做得很好，没有错误。"这个时候，总经理才面带笑容地对我说："虚惊一场，你能够在紧张环境下不慌乱，经得住考验，十分难得，我代表公司感谢你，同时，要给你和你的团队嘉奖。"

此事说明，在产品装配被怀疑有问题时，第一步往往习惯性地怀疑工装出问题，实际上，还有许多其他因素干扰着对问题的分析和判断。

🔍 结果与思考

产品装配出现问题，如果怀疑装配工装出现问题，就用上面的分析方法，这是眼睛向内，尽可能把问题分析透，不要让飞机研制和批量生产耽误事。其实，还有一个分析渠道，那就是，用于装配组部件的零件制造是否出了问题，在这方面，有很多案例，作为另外的话题来分享。

案例 2.4 衣物搭配得当，才能人是衣裳马是鞍
——零件工装决定了零件的未来装配？

1. 背景

装配工装的装配资源是零件，零件制造的依据是零件工艺装备，这就引出了零件工艺装备和装配工艺装备之间的协调关系。如果零件做出来，不能协调装配在装配工装上，那也无法生产出合格的飞机。

2. 主题切入

飞机装配现场出现问题，在确定装配工装没有问题的情况下，往往要开始寻找装配零件的毛病了。飞机零件分钣金零件、机械加工零件、标准件、系统件等。后三种自身出错的概率很小，钣金件出问题的占比大些。因为钣金零件参与装配

的约束要素较多，发生变化的因素也较为复杂，且多与钣金成形工艺装备相关，因此，这里主要理出装配工装与钣金零件工装的关系。

3. 过程

首先，确认钣金零件是否符合钣金工装，也就是钣金模具。

读者也许会问，既然是按照模具进行成形加工，怎么会不符合模具？说起来也许难以置信，大部分钣金零件，特别是外形比较复杂的多曲面钣金零件，若零件返回模具进行外形检查，合格率是很低的。因为有应力存在，随着离开成形模具时间的长短，钣金零件呈无规律变化。这就是为什么在钣金零件成形工艺中，很难用数字化来传递其真实信息，过程中的数学模型都无法建立，建立几个数学模型？在哪个阶段和节点建立数学模型？数学模型自身会适应钣金形状的变化而衍生变化吗？这里不展开论述。

如果钣金零件没有变形，符合模具，那么第二个问题就冒出来了，用这个形状成形出来的零件实际上无法进行装配，或大或小。模具外形是否符合要求？符合什么要求？工程设计要求，工装设计要求，还是工艺要求？

如果完全符合工程设计要求，说明没有考虑钣金成形过程中的回弹，其工艺方法是否合理？先不要说什么"制造符合性"，就协调装配方面，工艺就应该给工装设计提出模具回弹的参数，如果给出回弹参数，就要偏离被批准的设计，那么，飞机制造过程中的质量部门和适航当局就会认为该产品不符合工程设计要求。这里是个悖论关系。处理这个问题，必须由极其有经验的专业总师协同工程设计找相关职能部门或人员进行沟通。

除非在基于模型的设计（MBD）中，工程设计把模具的回弹参数描述得清清楚楚，详详细细，那么，这就是制造依据了，工艺员彻底解放，照葫芦画瓢，给工装设计提出"按照设计给定的回弹参数设计模具"就可以了，工装设计就可以进行专业设计了。但是，目前还做不到这一点，没有哪个飞机设计员能够在工程数模上给出回弹参数，他们认为，这都是制造厂干的活，与设计无关，好了，悖论了，到底谁来解决这个问题？目前没有答案。

目前，比较流行的做法是，钣金工艺员在提出工装设计技术条件时，注明"该模具因为外形比较复杂，要求模具研制部门进行试模和修模，直到能够生产出符合装配要求的钣金零件"。当然了，这是钣金工艺提出的要求，各个工厂工艺语言不同，写法也有不同，但要走下去，必须多少写点内容，不至于走向死胡同。模具制造车间有专门的修模操作人员，堪称大国工匠，他们的实践经验远远大于理论经验，各类模具的回弹参数都在他们头脑中积累，一套套符合协调工艺的模具从他们手中修出，用于飞机生产一线，生产出"合格"的钣金零件。另外，每套模具平均留出三分之一的实做工时用于修模。当模具修成功时，如果按照现在的技术设备水平，都应该把修形后的模具外形进行逆向建模，保留数据（由谁保留还存在争议），以便后面沿用。

还有一个容易忽视的路线，模具的制造依据是否正确。早先，模具的制造依据是模具切面样板和划线图，这两个东西，不是出自模具设计之手，而是由模线车间设计和出版，有些情况下，工装设计和模线设计两者人员协调不够，会出现一些细节上的技术问题，我曾经处理过很多这样的问题，如零件边界问题、下陷位置和深度要求、基准问题等。这很考验人的知识面宽度和判断问题的速度，也是对经验深度的考验。现在，模具的外形加工和划线，一般采用五坐标数控机床完成，依据是工装设计的模具数模，只要编程工艺员有足够的经验，机床参数合适，刀具选择正确，机床运转正常，一般在外形上问题不大，至于后面的修正，属于上面的那个话题了。

结果与思考

正确的零件来自于零件的正确加工流程，而正确的加工流程中，零件工装起决定性作用，虽然还有通用设备、人员技术熟练程度等方面的因素，但具有规律性的还是零件工装，所以，保证零件工装的合理性，注意，这里是合理性，而不是符合性，至关重要。

案例 2.5 实体标准工装是否代表了落后生产力？
——长期以来对标准工装的一种"歧视性"误解

1. 背景

当人们相信数字化可以解决飞机制造中的所有问题时，有人提出"实体标准工装代表了落后生产力"的论断。本案例用鲜活的例子来证明，实体标准工装还是解决飞机制造互换协调最有用的工具。

2. 主题切入

飞机制造工程是一个极其复杂的制造工程，尽管飞机制造技术的历史已经有100多年了，从简单到复杂，机型层出不穷，新的淘汰旧的。但是，飞机制造工程师对于制造中的大量难题仍然迷惑不解，方法用尽，老的问题看似解决了，新的类似问题又冒出来，一代代默默无闻的航空制造专家都在与飞机制造中的不协调问题进行无穷无尽的斗争。

当数字化引入飞机研制时，人们从这个虚拟世界中，朦胧地看到了希望，似乎找到了一个神器，认为这下子可好了，一切交给数据来解决吧。

3. 过程

数字化概念起始于 20 世纪的信息化，实际上就是信息化在新时代的翻版，既等同于信息化，又在信息化上面寄予人们更多的幻想或者愿望。例如，20 世纪，人们把计算机部门称为计算中心，后来改为信息化中心，近 20 年来，许多单位改称为数字化中心，现在，人们试图又再改名字，试图改为 5G 中心或智能制造中心等。

话题回来，在飞机制造的历史过程中，实物标准工装在飞机协调装配中起到了关键性作用。一方面，无损失、直观、标准统一、预先设计、异地同源、零件与装配间协调等特点，使它被称为飞机制造的老祖宗。但它的另一方面突显出管理严密，使用看似复杂，没有接触过的人往往因它的协调关系而晕头转向，但有丰富经验的人使用它则驾轻就熟、如鱼得水、妙不可言。

在中国大飞机研发的初期阶段，从国外到国内，从大学到研究所，数字化浪潮在中国大地上炒得热火朝天。在一次会聚了全国各大主机厂的资深飞机制造专家们的大客装配技术研讨会上，竟有人在历数了实体协调的诸多弊端后，得出如下结论：①实体标准工装是落后生产力的代表；②标准工装是飞机装配中积累误差的罪魁祸首；③有了数字量传递，就可以取消实体标准工装。

以上观点颠覆了飞机制造厂多年来制造飞机的技术概念和工艺模式。数字化的出现，使大家觉得有一阵看不着、摸不着的旋风袭来。数字化与制造飞机之间的直接关系如何以一种更明白的形式表示？

看几个实例吧。

某款飞机，机身对接，采用了一种电子标准工装，取消了实体对接平板，这个我仔细研究过，很难说可以作为协调依据。因为电子标准工装在把飞机机身看作一个刚性体的情况下，机身截面对接直径方面的精度容差分配的是 0.05 毫米，过程省略五万字，其结果造成直径方向的误差达到 5 毫米，100 倍的放大关系。

另一款飞机，考虑主起落架接头装配的复杂性和几方供应商同时协调装配准确度的要求，本来设计有专用的主起接头安装标准工装-主起接头安装量规。可是，后来却以飞机工程数模代替标准工装。结果，在一个主起接头的三个安装位置上，竟然无法前后协调，靠大榔头强行砸进定位销棒，多大的应力呀！真为全机对接后，起落架的收放捏着一把汗。

事实再次证明，脱离实体协调，数字化协调在特定的环境下只是一种美好的梦想。

结果与思考

　　以上两个例子，以及天天都在发生的实例，说明实体标准工装绝不是落后生产力的代表。在数字化还不能明明白白地解决飞机装配协调互换问题之前，实体标准工装不但在波音、空客中作为飞机制造的核心技术，而且，以前过度依赖数字化的思路也在反思和修正中。从目前技术的发展程度来看，数字化很难在飞机制造全流程中彻底取代传统工艺。

案例 2.6　实事求是，协调为大
——在数字化时代，如何发挥实体协调工具的作用

1. 背景

　　飞机制造进入数字化时代，人们更多考虑的是，如何改变过去传统的制造工艺，让数字化解决人工遇到的方方面面的复杂问题。在经过多年的实践后，逐渐发现，数字化并不能像人们想象的那样解决传统工艺中的所有问题，在装配关系复杂、协调准确度比较高且装配质量稳定性要求严的部位，实体协调工具有不可替代的作用。

2. 主题切入

　　先看波音公司的一个实例。

　　2009 年，我考察了美国一家飞机机身部件专业制造商，它是波音宽体客机的机身段供应商，从生产现场的工程师介绍中，听到了一段令人思考的真实故事。

　　B777 飞机是世界上第一款全数字飞机，没有纸质图纸，全是数模传递。波音为此骄傲，处处都用数模说话，面面都有数模开道，一开始，走得都有些极端，波音认为，这个全新的设计方法，可以不通过模数转换，直接把三维设计图样用于生产，甚至可以全部省略传统的实体协调介质，只要用数据进行传递就 OK 了。当时，供应商的分工为，美国中部城市威奇塔的势必锐工厂负责制造 B777 机头，南部肯萨斯的工厂制造前机身，两者都采用波音提供的同一数据源，背靠背分别进行机体制造。也就是说，各自的装配工艺装备上的定位界面都符合波音的产品设计依据，并在分配好的公差范围内。波音很自信地认为，既然都是按照一套数据制造，将来到波音西雅图总部总装对接时，一定是协调的。

　　当两地生产的两个大部件运到西雅图的巨大总装厂房，放到对接工具坞内，进行对接时，一个没有预料到的问题出现了，机头和前机身的对接缝出现了严重的对接误差，在直径方向上两者相差半英寸（1 英寸＝2.54 厘米），在航向方向上，

出现了一个 V 形对接缝隙，最大间距也是半英寸。这个问题严重了，对于对接公差仅有低于毫米级的飞机机体对接来说，十几倍的偏差，震惊了 B777 工作团队。这个结果，在网上可以查到相关照片。

波音工程师对此进行了认真分析，并做了深刻反思，认为数字量传递，其数据的准确度无可置疑，但是，却忽略了许多不可控因素，如飞机实体和工装实物自身的材料性质、飞机部件制造和工装所处的环境温度，更盲目自信了各个供应商都在往同一方向上处理公差的习惯性思维。因此造成这个现象。

为了纠正这个巨大的不协调错误，波音以最快的速度，设计和制造出了机身和机头的对接标准工装-对接平板，统一在波音进行协调制造，分别提供给两地供应商使用，重新进行了两大部件的协调制造，结果可想而知，在西雅图对接成功。由此，波音认为，全数字的飞机，在某些制造环节，为了保证装配协调准确度，必须采用实体协调工具，也就是标准工装。数字化的环境中，灵活使用各种手段，才是飞机制造顺利进行的有效保证。

3. 过程

飞机制造过程中，保证协调装配的区域主要有两类，一类是不同零部件的外形协调，一类是对接结构的交点装配协调。

外形协调，是指飞机的理论外形或者空气动力学外形的配合协调。利用飞机设计数模直接传递，利用插值法或曲线法可以在计算机里建造出任意精确的外形曲面，而不需要二次转换，因而不会形成二次转换过程中的人为误差，即算法误差和划线误差。所以，充分发挥数字化的信息不失真传递，就可以在足够精密的加工设备上，加工出足够逼真的飞机外形曲面，这是数字化的优势。这里讲的是外形精度。

交点装配协调，指的是设计分离面或工艺分离面在进行装配时，不需要大量返修或修正就可以实现有效装配的协调。特别是协调技术中的互换，是指不需要进行任何修配，就可以进行零部件任意更换。在配合关系相当复杂的情况下，仅利用数字是无法描述清楚飞机协调部件之间的相互关系和各种状况的，只有实体介质才能有效保障相连的两个或者两个以上装配件之间的带偏差的位置准确。这里讲的是装配准确度。

关于准确度的理论书籍，见程宝蕖老先生的《飞机制造协调准确度与容差分配》，里面有射击打靶的分散度问题的例子。

打靶，若以靶心 10 环为圆心，子弹偏离靶心越远，单弹的精度越低；若群弹也偏离靶心很远，但离散的程度很低，也就是说都集中于一个小范围命中，则说明群弹尽管精度不高，但多因素之间的准确度很高。

另一个情况是，飞机在研制期，时间富裕，设计修改成为常态，用大量的时间去对某一个部位所发生的问题进行不计成本的测量和数据处理，也是可以容忍的。但是，到了飞机批量生产阶段，飞机生产的计划精确到分秒，这个时候，靠的是稳定的工艺装备状态，快速处理生产现场问题的节奏，如果这个时候再上数字化测量工具去测量，就是再好的尖端设备，也不允许在生产线上多停留片刻。这会严重影响生产效率，这个时候只有实体协调工具才可以立竿见影，发挥作用。

🔍 结果与思考

由此可见，在处理外形问题时，或在飞机研制批，实体协调还不具备的条件下，利用数字化测量工具，可以很方便地进行现场分析；在处理交点协调问题时，或在批量生产环境下，实体协调工具会发挥重要作用。

案例 2.7　外来的和尚好念经吗？
——工艺装备编号引起的风波

1. 背景

中国的飞机工艺装备有一套自己的编号制度，《工艺装备编号制度》（HB 35—1973）详细规定了各类工艺装备的编号方法。一套编号中有工厂代号、工装类别、机型代号、工装序号，每一个工装终生都只有一个编号，工装作废，编号失效。每一个工装代号旁边，跟随一个产品图号，产品图号变化，工装编号不受影响。

自从中国制造西方飞机或零部件以后，遇到了一套国外的工艺装备编号标准，产品图号加工装缩写编码。

2. 主题切入

中国商飞成立后，开始研制中国自己的客机项目。因为一直采用美国工装编号标准，在决策是采用中国人自己的工装编号准则，还是继续沿用美国的编号准则的时候，产生了分歧。

3. 过程

在对两种编号制度进行充分研究后，该公司工装部门提出，采用中国自己的航空标准，按照 HB 35—1973 规定执行，这样有几大理由和优势。第一，这是中国人自己在建造自己的飞机，应该采用自己的航空标准，充分展现自己的标准优势；第二，中国航空标准中的工装编号内容比美国的更丰富，编号更科学，业内人士更加习惯；第三，如果采用美国标准，涉及美国知识产权，如果将来美国人质疑，会很被动；第四，如果的产品图号有改动，工装图号接着必须改变，给工装管理带来混乱。

就这个问题，工厂技术负责人在听取不同的意见后，坚持不改变现状，继续采用美国标准。后来，支线客机由于二维改三维，要把产品图号进行大改变，这下工作图号就惨不忍睹了，是改，还是不改？改，工作量很大，管理会出现意想不到的混乱。不改，工装编号中的产品图号已经作废了，还在使用，显然不合逻辑。情况陷入两难之中。

🔍 结果与思考

中国人有五千年的管理思想，五千年稳而不乱，如今中华民族复兴，在应用中国的智慧成果方面，必须有自信，不能太受外国的条条框框限制。几句话的含义深刻，概括了本案例的结果与思考。

案例 2.8　傻大笨粗重到精雕细刻轻
——工装材料的变迁

1. 背景

中国的航空工业是苏联帮助建立的，全套采用苏联标准，就连工装基体材料也参照苏联模式，全部采用钢材进行制造。当然，钢相对于有色金属要便宜得多。后来，随着转包生产的开展，波音及空客来图进行工装制造，才发现，波音和空客的工装材料基本上采用铝合金 6061 制造，这是为了工装材料膨胀系数尽可能与飞机机体材料保持一致。还有，中国工装采用槽钢和圆管钢材比较普遍，而欧盟采用方管型材比较普遍。从结构上看，方管建造结构更有利。

2. 主题切入

国内习惯把除圆形管料外的型材都称为异形材，而槽钢对焊就可以成为方管。

显然，方管对工装零件的定位和建立基准更加方便。试想一下，圆管对接时，还要算出对接处的弧度或预加工半径，而方管则不需要考虑许多，只要加工各种角度的平面就行。

对于材料品种由钢改为铝，行业内认为有些昂贵。因为，在中国，铝合金属于有色金属，而概念上，有色金属一直是贵金属。但是，按照空间体积进行对比，同样大小的工装，因为密度的关系，铝合金的用量从重量上要比钢材轻得多，所以价格，用铝合金会些许贵点，但不至于太贵。

3. 过程

从以下几方面再进行分析。

材料的膨胀系数。铝合金的热膨胀系数为 $1.881\times10^{-5}\sim2.360\times10^{-5}℃^{-1}$；钢的热膨胀系数为 1.2×10^{-5}。传统飞机机体的材料一般为铝合金，采用 AL7075 等 7 系列，作为结构件用料；采用 AL2024 等 2 系列，作为外形钣金类用料。工艺装备使用相同性质的材料，在环境温度发生比较大的差值时，1000 毫米在 1 度升降情况下，铝合金的单向尺寸变化 0.01 毫米。如果一台 20 米的装配型架或飞机部段，在环境温差变化 20 摄氏度时，按照上面的变化规律，则工装或部段的单向伸长或缩短 4 毫米左右，如果考虑到不同产品结构影响产品发生不同方向方面的变化，假设工装与产品采用不同的材料，则飞机与装配工装之间的相对关系就会出现不可预测的变化。

材料的密度与价格。铝合金的密度为 $2.7g/cm^3$，钢质材料的密度为 $7.87g/cm^3$，市场上，铝合金（如 AL6061）的价格一般在 20000 元/吨，钢材一般在 4000 元/吨，把质量与价格进行综合考虑，用铝合金比用钢材，成本上高不了多少。

材料的获得渠道。在 20 世纪 80 年代，相对于 AL6061，国内的材料为 LY12，还没有太多的 AL6061 供应。从 20 世纪 90 年代开始，随着我国铝业的发展，AL6061 已经可以在国内市场上找到，价格基本稳定。

材料的加工性。钢和铝的加工性能比较，当然铝合金更为方便。

材料的回收价值。工装在报废回收时，铝合金的回收价值要远远高于钢材。

国际上的流行用法，无论是波音公司，还是空客公司，甚至是国际上任意一家飞机制造公司，工装应用铝合金已经是趋势。

鉴于对比，当时讨论了一个方案，国内一般工装用钢材，重要工装，包括标准工装，用铝合金；国外转包生产工装，按照客户要求使用铝合金。

结果与思考

创新无处不在，改革适时落实。当一件新事物出现时，我们的态度应该是热心接受，科学分析，因势利导，加以吸收，灵活应用。

案例 2.9 一个值得记忆的过程
——工装设计 CAD 的演变

1. 背景

飞机的工艺装备设计，同其他机械设计一样，在没有计算机作为绘图工具的时期，设计员手工使用绘图铅笔进行草图设计，描图员在定稿草图上面，使用墨水笔描制出可供晒图用的硫酸纸图纸，送档案馆进行晒蓝成图，原理类似于用照相底片印制相片。

到 20 世纪 90 年代，利用计算机进行设计在机械设计领域普及，从二维设计发展到三维设计，工装设计历经了 CAD 的演变。

2. 主题切入

正当工装设计员用手工绘图开展工装设计如火如荼地进行时，计算机来了。

开始，是二维设计，即在平面坐标系里，通过建立点线之间的关系来代替手工在计算机屏幕上画出二维投影图，通过孔斯曲面（Coons surface）按照特定边界插值条件构造曲面，或通过贝塞尔曲线（Bezier curve）依照四个位置任意的点坐标绘制光滑的曲线。利用算法原理画出的曲线和曲面，比手工要精确多了。

后来，随着重要设计 CAD 软件（如 AutoCAD、Solidworks 等二维设计专业软件）开发出来，计算机设计进入了一个崭新的世界。其良好的用户界面、交互式菜单、命令行方式等，使设计人员抛弃了手工画图的愿望，从而进入计算机设计模式。

再后来，大型三维软件用于大型复杂的工程设计，如 UG、CATIA 软件等，使得人们通过计算机或工作站建立立体设计模型成为可能。并且，三维设计，随意切剖面，产生二维图样，不失真地二维发图，给设计带来了工具上、手段上的革命。

3. 过程

20 世纪 80 年代，工装设计员像看西洋景一样看待计算机设计，跃跃欲试，但无从下手，况且麻烦的点线关系靠各种曲线、曲面去建立，还不如坐在绘图板前，纵横驰骋，挥洒自如。同时，80 年代的计算机极其昂贵，少得可怜，一个室还分不到一台微型计算机。摸摸可以，会使用者不多。

进入 90 年代，承接转包生产了，波音、空客来的是三维数字模型，要求供应商迅速配备高级工作站计算机，以适应转包生产的需要。工作站买来了，一万美元一台，软件还是收费的，多么珍贵的物件，买来的工作站被专门集中在一个办公室使用，这个办公室安装了空调，一年四季温控在（20±2）℃，而操作工作站进行工装设计的人员，要进行挑选和专门的培训。后来，随着工作站的普及、价格的低廉，各个专业室也都配上了工作站，进行设计，现在再让设计员改为手工设计，已经回不去了。

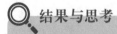 结果与思考

　　新生事物的来临，考验着人们的智慧和决策，适时的引进，果断的普及，会给技术带来深刻的变化。

案例 2.10 分则专，合则乱
——工装设计与工装制造工艺的合合分分

1. 背景

工艺装备部门，作为飞机制造厂的核心能力机构，它的组织的变化，管理的改变，都会对这种能力产生不可估量的长远影响。

2. 主题切入

中国的工业体制，是设计和工艺分两个体系，两个部门，两套管理。航空工业工艺装备也不例外，工艺装备的设计和制造一开始都是各自独立的，虽然有些工厂也曾有过把工装设计和工艺制造合二为一，但实践证明，最终是不会成功的。

当年，某主机厂曾经把对口专业设计下放到车间，既做设计，又做工艺，没有过多久，大量弊端显现，工装质量频频出现问题，还没有坐热板凳，就马上分开，恢复设计和工艺两套人马的体制，才使得工艺装备能力长期保持在行业内领先。

3. 过程

进入21世纪，为了管理创新，某飞机制造厂再次开启了合并工装设计和制造的模式，似乎没有进行过充分的调研和论证，就决策把工装设计与工装工艺合成一体。

结果，险象环生。

因为是技术员自己设计工装图样，自己工艺施工工装图样，设计员设计的图样，再没有另外的工艺把关，就是设计有问题，自己也难以发现。

也因为设计员对车间工艺流程不甚熟悉，所以，施工下去的工艺质量存在很大问题，甚至工人师傅根本无法操作。

还因为设计和工艺是同一个人，所以设计错误就是被设计本人发现，也会想方设法给掩盖过去，使得制造出来的工装到使用现场无法使用，或制造出不合格的产品。

也因为设计兼工艺，即使工装在制造过程中出现质量问题，为了掩饰各种问题，很有可能在拒收单上写上"原样使用"的字样，给工装质量和飞机产品质量带来隐患。

设计没有精力一心钻研做设计，工艺没有精力一心钻研做工艺，结果，设计不精，工艺不专，工艺设计两者都耽误了。

由于原来在车间的专职工艺员也可以自己设计工装图样了，相对过去以车间现场为工作主要场地，现在的工艺员更愿意坐在电脑面前做设计，不愿天天到现场同工人打成一片，逐渐脱离一线，工艺经验最终退化严重。

由于设计还要照顾现场制造流程，心神不定，无法坚守设计岗位，设计的完整性和技巧性，就无从谈起。

工装制造过程中出现问题，到底是设计问题还是制造问题，管理部门无法在第一时间迅速了解，会让问题扯来扯去，严重影响生产进度，从而耽误飞机研制计划。

由于合并带来了诸多问题，工艺装备整体水平会因为设计和工艺合并而迅速下滑，实际情况也是如此。

工艺装备整体水平下降，会使高层认为需要进行外部合作才能救工装，客观上降低了自身工艺装备部门在飞机制造厂的地位。

当然，后来公司发现了合并的弊端，及时改正了偏差，才使得工装设计和工艺又恢复本来功能。

🔍 结果与思考

> 不按照客观规律办事，后果很严重，损失很巨大。飞机制造是一门复杂的系统工程，任何形式的改革，都必须进行严格科学的论证，否则，一个环节掉链子，会影响大局。

案例 2.11　社会资源可贵
——来自社会资源的工装设计与制造

1. 背景

中国自从建立航空工业以后，因为被打上军工的烙印，行业与行业间进行了严格的壁垒保护，任何航空制造厂都建立了大而全或小而全的生产制造体系。工艺装备作为飞机制造厂的最基础的能力、最核心的技术，多年来一直以来都是封闭在自己厂里进行研发，且中国初期的行业划分极其严格，除了主机厂间的相互协作的支援外，行业外很难进入这个领域。

改革开放后，中国的民企和私企如雨后春笋般兴起，很多企业开始循序渐进式地渗透进这个领域。

2. 主题切入

中国航空制造工业一开始就是仿造模式，连工装都是来图制造，况且，型号少，研制期长，依靠制造厂自己的工装设计和制造力量足以满足飞机生产要求。随着飞机型号的增多，国内越来越多地自己研制新型号飞机，飞机制造的步伐逐步加快，工厂的工装力量就有些难以适应计划的需要，此时，需要外援。

3. 过程

外援经历了三个过程。

第一步，在航空工业内部进行相互协作和帮忙，例如，A 主机厂今年任务饱满，来不及制造工装，那么，就找当年还没有上新型号的 B、C 主机厂内的工装设计或工装制造资源协作制造 A 主机厂的工装，那时常称这个模式为大会战，兄弟般的合作是愉快的，今年你帮助我，明年你有需求，我来帮助你。我在 1984 年，曾经到成都帮助成都飞机工业（集团）有限责任公司的某新机型工装进行过工艺施工工作。

第二步，如果各个主机厂都很繁忙，就到航空发动机厂，或航天工业制造厂进行调研，寻求帮助。当然，这已经是行业外行为了，往往是飞机制造厂设计好工装图样，找相关企业合同制造，甲方负责制造现场的技术配合。

第三步，随着改革开放的进程扩展，越来越多的民营企业逐步进入航空制造领域，起先是来图来料加工一些工装配套零件，后来，承揽成套工装制造，设计一开始还是主机厂负责，发展到现在，无论是工装设计，还是工装制造，甚至是成套生产线研发，都交给民营企业了。民营企业灵活的经营体系，加上很容易融合各行各业的先进技术，使得其在工装设计和制造方面已经突破了主机厂的固有模板。因此，长期合作、合资共赢等模式已经深入飞机研发体制，越来越多的工艺装备交给国内外工装设备企业来研发，主机厂的工装制造综合能力因此在削弱或下降，一些企业只保留重要互换协调工装的研发，把一般工装都交给了外面去制造。

🔍 **结果与思考**

> 打破固有思维方式，采取机动灵活的研发思路，把控核心协调能力，把专业的事情让专业的厂商去做，会减轻企业经营负担，加快飞机研制进度，多方共赢。

案例 2.12　工装精，则产品精
——适合工装制造的加工设备为什么是高精度设备？

1. 背景

一提起飞机制造中的加工设备，业外人士首先想到的是，飞机产品生产线上的加工能力应该是更精、更强。而实际上，无论国内还是国外，无论欧美还是俄罗斯，最精密的设备不在飞机制造生产线上，而在工装制造生产线上。

2. 主题切入

都说飞机是工业之花，那么飞机的制造精度一定很高，其实不然，飞机的制造中，精度是排在一个名词之后的，这个名词就是准确度。什么是准确度，它和精度之间有什么关系，在专门案例（案例 2.6）中阐述。

3. 过程

那么，在飞机制造中，精度最高的是什么？对，是制造飞机的工具——工艺装备，"工欲善其事，必先利其器"，工艺装备的公差通常取飞机公差的 1/5～1/3，也就是说，工艺装备的精度是飞机产品制造精度的 3～5 倍。举例来说，如果飞机的公差取 ±1mm，那么，工装的公差就取 ±0.5mm 到 ±0.2mm，实际上，工装的公差比 ±0.5mm 到 ±0.2mm 还要严格，甚至从 ±0.05mm 到 ±0.02mm 之间取值。

既然工艺装备的精度如此之高，那么，最精密的设备就应该配备给工艺装备的制造了，如果有人说，产品都没有用那么高精度的设备，怎么给工装制造配如此高精度的设备？你就认为他说的不是飞机制造专业的话罢了。

在中国商飞，我亲自规划和主持引进了世界上最高等级的多坐标高精度数控加工中心，一举使得其工艺装备制造能力引领中航工业工装制造能力十数年，截至我写到这个案例时，我负责引进的高精度进口数控加工中心，经过二十年的不间断使用，仍然作为主力设备群在发挥着关键的作用，为中国的大国重器项目的研制立下了汗马功劳。

工艺装备的制造加工设备，除了精度要求高以外，机床的主轴功率也有要求。因为工装的高精度定位元件通常采用钢质材料，大部分模具材料也是钢质材料，钢质材料的加工要求机床的主轴功率越大越好，而飞机产品的大部分材料是铝合金或复合材料，需要高速的轻切削，对主轴转速要求高，对主轴功率要求低。

在工艺装备加工设备领域里，常规的高精度设备配备包括精密镗铣加工中心、精密车削中心、精密内外圆磨削加工中心、慢走丝线切割机、激光或等离子划线下料机、大型多坐标数控加工中心、激光跟踪仪等设备。

工艺装备分若干专业，若干类别，见案例 2.1，不同的工艺装备对加工设备有不同的需求，这里就不一一赘述了。

结果与思考

飞机制造中，各个专业都有自己的特点，不能厚此薄彼，对任一专业的不重视或关注不够，都会形成飞机生产链里的缺环，产生木桶上的短板。

案例 2.13　阶段不同，程度有别，可靠为上
——工艺装备的大检和小检

1. 背景

装配工艺装备，根据重要性和复杂程度，要进行定期的检查，这类检查是为了保障装配工装的有效性和正确性，定期检查分大检和小检，大检又称为定检，小检又称为定查，是按照时间周期或架次频次来确定的。

2. 主题切入

两种检查的检查方式和程度有很大区别。小检主要是对外观进行检查，看是否有明显的变形或磕碰损伤，走访用户，进行夹具使用情况调查，如果没有问题发生，就算检查通过，在工装履历表上进行检查记录即可。

大检就复杂了，一般是半年或规定架次后的检验，或者是工装移位或有重大更改以及有严重损伤情况下的特别检查。这个检查，要把型架夹具所有定位元素拆开，上制造依据，如标准工装、工装样板等，对所有与产品接触的尺寸进行认真检查，发现问题，一般情况下应立刻修复，如果是大问题，涉及生产进度的，还要及时上报车间等上级，重新填写返修申请单进行返修。

3. 过程

刚到车间，为了更好地适应工作，我被分配到工段实习。来到钳工二班，班长是个手上有绝活的老师傅，据说，每当装配型架哪个地方出现偏差而很难调整到正确值时，只要师傅到场，了解偏差方向后，上下左右看一看，拿起木榔头，屏住气，啪啪啪，只三下，保证消除偏差，使型架精确到位，所以，常叫师傅为"三榔头"。他精湛的技术长久为车间的人们传诵，并激励着后人向工匠的目标冲刺。

我参加的这次是大检。工作方式是，用普通光学仪器建立起型架基准坐标系，然后在基准准确的环境中，在型架上利用基准元件——标高，把标准工装调放在型架中，然后以标工为检验依据，对型架进行对照检查。这次大检等于说是把型架的制造过程的关键环节复走一遍，架起了光学仪器（相当于现在情况下布局了激光跟踪仪），建立了型架空间基准，上了标准工装，对所有重要定位器进行了复查。

这里要说明的是普通光学仪器，指的是由人工手动调整的光学仪器，在工装专业中使用的光学仪器一般由光学望远镜、光学经纬仪、光学目标头等组成。

光学望远镜又称为光学准直仪，在被测平面上，调整可调支架上的望远镜，使其瞄准线对准平行光管的十字线，然后按水平仪测直线度的"节距法"测量直线度或在光学系统中建立一条水平基准。

光学经纬仪的水平度盘和竖直度盘均用光学玻璃制成，是用于测量纵横轴线、垂直度及水平角度和竖直角度的测量工具。

这些光学仪器配合光学目标，就可以测出空间坐标的六个自由度上的任何一点位置关系。

我在大学里已经接触过这些仪器，自认为可以在工作现场调整这些仪器。所以，在没有征得工人师傅同意的情况下，擅自动手把现场已经调整好视线的光学系统给调乱了，然后，试着把系统再调整回原位，谁知道，越调越乱，最后无奈只好找师傅说明情况。本来，师傅已经准备开始干活了，见我把系统做得一塌糊涂，无可奈何地看了我一眼，重新花了很多功夫，调稳了系统。不知道师傅内心怎么想，他虽然嘴上没有说什么，但他本来就是个不多话的师傅，看了我一眼，比批评我几句更令我难受。这件事例让我认识到，我这个刚出校门的大学生，实践经验还是太缺乏，要向工人师傅学习，不要趾高气扬，不知天高地厚。

🔍 结果与思考

飞机工艺装备大检或小检，不能因为大小论短长，每一个程序的存在都有其理由。

案例 2.14　你给我粗心，我给你偏差
——工艺装备基准点设置在地板上的怪事

1. 背景

常识上，飞机装配工装的基准都应该与工装基体牢不可分，即应该在一体上，

但是，不同的时代和不同的企业，造就了许多特异性，在某公司的飞机装配工装里，就有把大量的工装基准点设置在车间地面上的现象。

2. 主题切入

2008 年，我来到某飞厂，第一件事就是到飞机装配车间调查研究。在飞机部装车间，一排排机身、机翼对接型架耸立在宽大的厂房里，我是型架工艺出身，有一个习惯，到了一个新的飞机装配环境里，先研究装配工装的基准在哪里。我发现，这里的工装装配基准点，有许多都埋在厂房地坪内，我观察了地坪的构造，由一块块 5 米见方的水泥板隔离铺成，而工装基准点分布在不同的水泥块上，水泥块间的缝隙已经出现了大小不等的裂缝，说明水泥块间产生了相对位移。那么这种环境下的基准还可靠吗？

继续调研，我发现车间的水泥地坪是按照普通库房标准铺设的，说明其厚度不会大于 200 毫米，再深究一下，某飞厂的地源情况是勾勾叉叉的河汊区域，在建厂时，使用大量炼钢废渣填河而平，常年的氧化作用，使得地下金属渣变形，引起地基形变。

3. 过程

第一步，从质量部门调看了一部分基准设置在地板上的型架定检数据。从电脑里调出数据让我大吃一惊，地标相对基准长期以来，在逐渐变化，最大偏移达 5 毫米左右，怪不得飞机装配出来有问题，原因找到了。

第二步，对地面变形情况进行长期跟踪监测，就是在一个固定的地方，放一台水平仪，监测半年以上的地面变形数据，进行分析，从而找出解决问题的办法。最终，一套科学的、实事求是的数据摆在人们面前，过去不承认地坪会变形的许多人，在事实面前对我刮目相看。

第三步，亡羊补牢，进行地基重造，尽管花费了人力、物力和时间，但换来的是飞机质量的提高。

第四步，形成在现在地基环境下的工装地面基准的设计规范。这里要考虑的要素包括影响地标基准点精度的因素，如环境温度、地基材料、地基结构、地面环境条件、应力变形等；科学设计地标的原则、整体原则、关联原则、互补原则、修正原则、刚性原则、校核原则、计算公式等。

结果与思考

工艺装备是一个技术复杂、专业面宽的事物，在设计时，考虑的因素很多，全公司上上下下都要为之创造环境条件，不可麻痹大意，否则后患无穷。

案例 2.15　隔壁邻居家的事情就别管了
——关于 GSE 到底该谁管理的争论

1. 背景

GSE 是英文 ground support equipment 的缩写，直译为地面支持设备，中文的意思是"飞机随机地面设备"，是飞机三随（随机资料、随机地面设备、随机常用工具）之一，是飞机产品的一部分，飞机设计师进行规划设计，资产属于客户。本来，对于 GSE 的管理历来都是有规定的，但是，任何事都会有例外，这个例外我就遇到了，并为之纠正了十几年。

2. 主题切入

提起 GSE，业内人们都知道，是为了保障用户在使用飞机过程中，对飞机的地面移动、地面维护、地面检修所用的必备设施，它的设计是由飞机设计师在设计飞机时一起规划和设计的，它的制造由专业厂商完成，目前，GSE 在世界上已经形成了一个庞大的专业市场，有相当的经营规模，一般来说，除军机外，飞机制造厂本身不负责 GSE 的生产。

在一个以修理飞机起家的飞机制造企业，由于习惯上使用飞机上的 GSE 来维护飞机时用，久而久之，认为飞机上的 GSE 在飞机制造过程中也可以随时使用，这就从根本上混淆了产品和工装之间的关系。那么，遇到这种混淆不清的事情，就应该立场鲜明，当机立断。

3. 过程

其实，在正规的飞机制造企业里，GSE 是作为一个飞机产品来看待的，它的生产渠道和配套渠道是按照主产品来管理的。如果企业存在一个售后服务部门，或者客户服务部门，那么，GSE 的正规管理渠道该是这个部门，GSE 完成生产后，应该是作为飞机产品的一部分，包装封存放在库房里。当交付飞机时，才从库房里领出，与飞机配套交付，GSE 是不允许进入飞机生产线上被拆封使用的，即一旦拆封使用，就变成 GSE 旧品了。从质量体系要求来说，拆封使用的 GSE 就成为已使用过的旧品了，而旧品是不能随机交付的。

当然，不明白者会说，在研制批的时期，在生产线上也用过本机的 GSE 呀。说到这里，毛病就成证据了。一是研制批使用 GSE，也是对飞机设计师设计的 GSE 进行一个验证，是有目的地使用，但绝对不是可以无限期使用；二是研制批飞机，在相关工装性质的地面设备还没有造出来时，可以暂时使用飞机自身的

GSE，反正这些 GSE 也是随飞机在试飞阶段到处飞走的，飞机还不属于用户，飞机上的 GSE 在飞机制造厂里的使用等同于公司内部在使用，这个时期的使用等于向客户借用。

因此，从哪方面说，GSE 都不应该按照厂内的工艺装备来管理。

有公司曾经想把 GSE 交由工装部门来管理。我负责工装部门期间，反复解释为什么不能把 GSE 按照工装来管理，最后真没有交到工装部门来管。当我不再管理公司工装部门后，公司技术负责人还是把 GSE 压到厂内工装部门来管理了。结果，几年下来，GSE 越管越困难，越管越混乱，工装部门的具体管理人员天天头疼。

最后，在我的主持下，把 GSE 从被评审的相关行业标准中给剔除掉了。

多么艰难的过程，一件小小的事情，弯弯绕了十几年。

结果与思考

在一个缺乏技术基础的环境内，行业内都成惯例的管理方法，都会被人为地曲解，到头来，拨乱反正要花费巨大的力气。

案例 2.16　关公面前耍大刀
——一次标准工装对合的趣事

1. 背景

标准工装是协调制造各类工装的基准工装，是工装制造乃至飞机生产的老祖宗，代表着型号纯度的 DNA，标准工装的制造严肃性历来为飞机制造厂的工艺系统所重视。

2. 主题切入

提起标准工装，大家都会想到，无论是设计者还是制造者，都会认认真真地对待，兢兢业业地制造，但我确实遇到过与标准工装制造开玩笑的人和事。

3. 过程

那是一次正反量规的对合协调浇衬套，几次浇注，因为各种原因，总是不合格。有一天快要下班的时候，车间把我叫到现场，说正反量规对合后的对合销棒都插进去了，并且孔销配合都很灵活。要我这个工艺装备的负责人到现场鉴定一下，说句话，就可以交活了。

我来到现场，看到几位很有名气的老师傅在现场等我，我扫了一眼，觉得现场气氛有些莫名其妙，大家有些奇怪地盯着我的言行。我走到工件跟前，问："都好了？"现场的老检验技术员小声回答："好了。"

我似乎捕捉到了他眼睛里闪过的一丝不安的目光，我伸手挨个儿转动了标准工装周边的十几个对合销棒，手上感觉大部分销棒都非常紧，但有那么几个却是可以晃动的。工装配合销棒，最忌讳的就是晃动，这一晃动，销棒起码比孔的直径小 0.3mm 以上，而对合销棒的直径要求比孔的直径不能小于 0.05mm，若小于这个数，则在后续的协调制造过程中就会积累更大的误差，到最后装配时，要消除这个积累误差，就要费很大的力气。

我把那几个可以晃动的销棒挨个拔出来，交给这位检验技术员，说："用千分尺帮我测量这几个销棒的直径，告诉我这些销棒的实际直径比理论直径小多少？"现场立刻有人拿出了一把千分尺，我检查了一下该千分尺的定检有效期，还在有效期范围内。检验员挨个测量了这些销棒的直径，告诉我，都比理论直径小 0.5mm，我笑了笑，说："不用我再说什么了吧？"现场的所有人都有些尴尬地笑了笑，工段负责人表示："不耽误您的时间了，继续完善实物，直到合格为止。"

其实他们是想摸摸我的实底，看看我在这一行里的道行，今天这一较量，确实使他们很服气我的水平，再以后就不再"考验"我了，而是更加信任我对问题的判断和决策。

🔍 结果与思考

作为一个技术型的负责人，必须要有比一般人过硬的本事，否则被人卖了，还在替人数钱，这种现象在实际工作中并不少见。

案例 2.17　大有文章可做
——飞机制造生产准备都做些什么？

1. 背景

提起飞机制造行业的生产准备，业内人都知道这是研制与飞机产品制造直接相关的实体专业装备，包括标准工艺装备、装配工艺装备、零件工艺装备、地面和试验设备、专用工刀量具等。

2. 主题切入

飞机制造行业里，做好生产准备，对保质保量地制造出飞机至关重要。那么，生产准备都做些什么事情，本案例将进行介绍。

3. 过程

飞机生产准备在中国的军机生产行业里，就是工艺装备的代名词，许多主机厂里，就把研制工艺装备的厂称为"生产准备总厂""生产准备分部""生产准备车间"等，后来，又根据业务的拓展，改称技术装备总厂等。

它的工作流程如下。

（1）飞机生产专业车间根据型号的制造工艺设计，提出需要的专业工艺装备技术条件，经过工艺主管部门，如装配技术科、钣金技术科、机械加工技术科甚至工艺处的审查和批准，发往主管生产准备业务的部门，生产准备业务管理部门按照网络计划图上的时间节点，根据轻重缓急的型号需求，通过平行交叉等手段进行工艺装备的设计计划安排和制造计划安排，同时，也会进行制造工艺装备用料的提前购买安排。

（2）工艺装备设计部门，按照生产管理部门的设计计划安排设计任务，经过一定周期的设计工作，完成设计任务，组织设计图样综合评审，包括用户的满足性、制造工艺性、质量可测量性、零件工装与装配工装之间的协调性等。评审通过，走设计批准流程，发出工艺装备图纸。当然，这些工作都可以通过网络平台进行。

（3）工艺装备制造工时定额。公司价格部门根据工艺装备的难易程度和工作量，给出制造定额工时，返回到生产准备管理部门。

（4）生产管理部门登记造册后，根据生产计划，按照专业把带工时定额的图样分发到工艺装备制造车间。

（5）工艺装备制造车间工艺室接到工艺装备图纸，进行制造工艺策划和设计，安排施工流程，形成一系列用于指导生产的工艺规程表和工装毛料材料预算表，经过车间二次定额后，通过调度室下发到生产工段进行制造。

（6）制造完成后，工艺装备进行第一次合格验收，合格后，初步交给飞机生产单位进行首件开工验证，这个时候，工艺装备还不算正式移交使用部门。

（7）当首件验证合格，生产出所需要的合格产品后，工艺装备进行第二次合格验收，才算正式移交给用户。

（8）工艺装备交付后，还有全生命周期的定期检验和日常维护，这也是生产准备的一项很重要的工作。

（9）现在，随着国际开放，生产准备又包含国外生产线的引进管理工作，这项工作经验还在不断摸索中。

结果与思考

在飞机研制过程中，生产准备是飞机制造启动的"纲"，飞机制造是"目"，纲举目张。

案例 2.18　卸磨杀驴，日子不过了？
——飞机结构更改，原结构装配工装该如何处理为好

1. 背景

飞机在制造过程中，尤其是在批量生产初期，由于飞机构型完善的需要，常常会发生飞机结构方面的修改，甚至是已经经过长期生产的飞机，也会出于某种原因，对某处结构进行前后差别很大的更改。这种更改往往会引起工艺装备的相应更改，甚至重新设计和制造。在这种情况下，该如何看待新旧工艺装备的关系呢？这确实是一个很关键的问题。

2. 主题切入

所谓新旧工艺装备，指的是构型更改前所使用的工艺装备为旧，构型更改后所使用的工艺装备为新。例如，在某个飞机机翼上，左右分别装有六个子翼，子翼在飞机机翼上属于一个典型的活动面结构，子翼与机翼间一般是通过叉耳接头结构进行活动连接的，出于结构强度方面的考虑，飞机设计对接头进行了加强，材料没变，相应尺寸进行了加大。接头改变，制造商依据新构型接头，更改了装配工艺装备，那么，原构型工艺装备还存在吗？这就是本案例讨论的主题。

3. 过程

先回顾一下当年在波音项目转包生产中的一个实例。B737 飞机垂直尾翼，当时世界上在飞飞机已经成千上万架了，此时突然通知，有一个强制性结构更改需要贯彻。按照发令订单的要求，进行工艺准备和生产准备，当遇到原构型工艺装备的处理意见时，我作为波音该项目的项目经理，根据多年的工作经验，向波音驻场代表提出，原工艺装备不能报废，要保存并维护起来。波音代表请示过波音总部后，对我的建议立刻批准，同时，拨出当时在看来是十分可观的维修经费，用于构型工装保持有效性的日常维护。

这说明，使用原构型接头的飞机还在航线上飞，生产原构型的子翼组件所用的装配工艺装备其实还承担着当子翼出现该更换的情况时，为原构型飞机生产原构型子翼的任务。所以，原构型工艺装备必须保存到在飞飞机的最后一架退役为止。下面分别谈一下各个专业工艺装备所应该选择的去向。

如果新构型涉及机加件，使用机床夹具进行加工的，则对机床夹具有要求，旧构型的机床夹具必须作长期存在的准备。

如果新构型涉及钣金件，使用钣金模具进行加工的，则对钣金模具有要求，

旧构型的钣金模具必须做长期存在的准备。

无论是钣金件，还是机加件，均需进入装配的流程，相应的装配工艺装备也要做旧构型的长期保持准备，当然，对大型装配工艺装备，不可能整体保存旧构型工装，而需要在工艺装备结构上进行多构型同时存在的设计和制造，且可依新旧需要进行更换。

回头再看看某型号飞机子翼的新旧构型是如何处理的，目前的情况是，只有新构型的装配夹具，旧构型的装配夹具已经无法恢复，在这种情况下，只有策划一套简易的旧构型的装配夹具，作为在飞飞机的生产保证。当然，这只是治标不治本，要彻底避免以后再出现此种情况，就要从飞机制造管理程序上给予明确规定，从源头阻止不规范的现象发生。

🔍 结果与思考

飞机制造是一项复杂的系统工程，过程中的任何变化，都会给这个复杂的系统工程带来难以处理的问题。

案例 2.19 生产线不是工艺装备吗？
——飞机制造生产线的发展与变化

1. 背景

过去生产飞机的工艺装备简称工装，现在改了新名字，叫生产线，就这么简单。但是，就生产线来说，它是在工装的基础上，糅进了自动化、信息化、计算机控制等元素，只能说是工装的进步，从本质上来讲，它还是工艺装备。

2. 主题切入

世人一般认为莱特兄弟于 1903 年 12 月 17 日首次将完全受控、附机载外部动力、机体比空气浮力大、可持续飞行的第一架实用飞机开上了天，从此，飞机这个影响人类生活和活动的机械装备就诞生了。

3. 过程

最初的飞机机体是由木材与布料做成的，因此，一针一线就成为当时飞机的制造工艺。

随后，飞机结构采用了金属材料制造，由于当时的机械加工设备还没有专业化，飞机生产规模还没有形成，因此，金属零件的加工有相当部分是手工锉修出来的,所以最初的飞机被戏称为"锉修出来的飞机"。

第一次世界大战为军机大发展提供了历史上第一次的机遇。全世界飞机制造商达到了两百多家,航空发动机厂商则达到了八十余家,战争期间生产的飞机和发动机数量更是分别多达二十多万架和二十三万多台。专业化航空工业制造厂开始建设,但由于生产方式落后,小作坊式的生产方式比比皆是,戏称"铁匠铺里做飞机"。

一战结束,一大批飞机制造企业倒闭了,只剩余美国、苏联、欧洲、日本四大飞机体系继续进行新飞机的研制,为第二次世界大战集聚航空工业的能力。这个时期,制造工业的通用车铣刨磨机床已经普遍应用,因为这些机床的操作特点为摇辘轳把,所以称为"手工摇辘轳把做飞机"阶段。

20 世纪 40 年代以后,飞机结构变得越来越复杂,靠飞机设计师在二维图上标注全部立体尺寸,已经十分困难,聪明的工程师发明了模线样板技术制造飞机,飞机设计只要设计出概念图样,通过模线样板 1∶1 的逻辑转换,指导制造工艺生产出具有互换协调性的飞机。

当飞机进入批量生产阶段,人们设计了模具、夹具、装配型架等,利用模线样板作协调工具,就形成了不同型号的飞机生产线。

20 世纪 90 年代,随着计算机在工业中的普及,自动化、数字化加工成为可能,利用巧思妙想,飞机制造把自动化、数字化引入生产线中,应用在机械化的工艺装备上,形成了今天数控化的自动生产线。

结果与思考

生产线只是被赋予了自动化和数字化,并没有从概念上改变飞机制造的原理。

案例 2.20　主导与策划
——规划生产线时,主管工艺如何提出工艺要求?

1. 背景

飞机生产线的规划是主管工艺,设计是工装设计,制造是工装生产车间,用户是飞机制造车间,因此,抓好源头很重要。

2. 主题切入

规划生产线时,主管工艺的责任重大,他要具备很多经验,才能提出具体工艺要求。

3. 过程

首先，主管工艺要十分熟悉生产对象，也就是飞机产品，要知道生产对象的具体目标，是机加零件，是钣金零件，还是复合材料制件，或者是电气线路互联系统（electrical wiring interconnection system，EWIS）等，要清楚零件的装配顺序，是部件装配，是部件对接，是全机对接，还是飞机总装等。

在明确以上情况后，就要规划出全机零件加工及组件装配以及总装的系统协调图表，根据协调图表，细化出零件工装和装配工装的相互关系，从而提出工装的详细技术条件，也就是生产线的详细技术条件，在技术条件里要说清楚对生产线自动化和机电液一体化的要求，还要考虑研制批过渡到批量生产对工装的需求等。

工装设计根据技术条件要求，进行工装设计。现代工装设计要通盘考虑先进技术在工艺装备上的综合运用，结构图样要完整，电气原理图要准确，操控源代码要可控且可追溯。

如果需要，可以引进国内外技术进行联合设计。

结果与思考

就是所谓的先进生产线，也不能摆脱这个过程，否则会失去对核心技术的管理。

案例 2.21 价低价高，够用就好

——在最低价中标情况下，如何选择满足要求的生产线

1. 背景

在奔向自动化和电气化综合应用的生产线上，近些年各个主机厂争先恐后地调研、论证、立项、购买，比谁家的生产线更先进，看哪条比哪条更昂贵。白花花的银子源源不断地流向供应商。

2. 主题切入

一开始，生产线的制造权在国外，卖给中国人时十分昂贵。后来，国内一些企业和大学参与生产线的研制，其实也是为了满足军机生产需求，就出现了价格急剧下降的现象，进而就有了招标最低价中标的问题。

3. 过程

首先，要充分了解供应商。21世纪初期，国内罕见成熟飞机生产线制造商，主要是对国外相关企业的调研和了解，采取的方式有走出去考察，请进来交流，当然，并不是每个人都可以出去调研，请进来交流的占多数。国外供应商主要有美国、德国、法国、意大利、西班牙等，波音和空客大多采用这些国家制造的生产线。就生产线的类别来说，有些供应商擅长全机对接，有些供应商擅长部段装配，有些供应商擅长地面设备，有些供应商擅长试验设备，有些供应商擅长总装移动等，就市场来说，有的专供波音公司飞机制造，有的专供空客公司飞机制造，就生产线综合评价来说也分一、二、三等。

国内供应商有研究所研制的，有著名大学研制的，更多的是私营企业的产品。研究所和大学的产品主要采用型号课题的方式进行合作，私营企业的则大部分采用市场经济的手段进行销售。在采用市场经济方式时，唯一的手段就是招标。

用户根据产品特征和需求，规划出招标文件，详细提出具体技术要求，提供给国内有资质的招标公司，在网上发出招标通知，有生产意向的生产线研制企业购买标书，进行设计和策划应标文件，进行投标，招标公司在规定的时间内收集应标文件，若达到开标数量要求，公开唱标，进行竞标流程。

招标公司在指定的日期，邀请用户在内部熟悉应标文件，按照用户的意见排出应标顺序，供招标公司掌握。最后，招标公司在网上随机抽出评标专家，约定时间进行正式评标，专家组一般由五人以上的单数组成，专家组按照招标法规和用户的技术要求，按照废标项排出废标厂家，余下的背靠背打分，最后得分最高者中标。

注意，得分最高者不一定是最低价，这里面有综合评标计算法，当然，如果各方面都能够满足用户要求，没有任何偏离项，当然就是最低价中标了。但根据我参加多次评标的实践，事情往往不是如此，有些最低价的标书应标条款有很多无法满足用户需求，缺东少西者有，以小充大者有，改头换面者有，甚至企业资质都有问题，或者企业债务缠身，根本无力承担供货责任。

所以，用户事先的考察摸底很重要，专家的业务水平很重要，招标公司的把关很重要，这些都是保证能够采购到合适生产线的关键条件。

结果与思考

随着国内生产线制造越来越成熟，国外供应商在中国几乎没有了市场，这也是国内技术发展的最终结果。

案例 2.22　讲究维护成本
——生产线也要避免"万国牌"

1. 背景

考察空客和波音的飞机生产现场，发现一种现象，它们在一个飞机型号上使用的生产线基本上由一家提供，而不是"万国牌"的，这里面有许多东西值得研究和分析。

2. 主题切入

和购买通用设备一样，同样是铣床，最终目的都一样，但不同的生产厂家有不同的设计结构，有不同的附加功能，有不同的使用方法，特别是在维护方面更是五花八门，采购不同生产厂家的产品会给后续使用带来一系列的麻烦。

3. 过程

在飞机制造过程中，生产线因飞机部位不同，而在结构上有很大的差别，外观尽管有差异，但设计理念、使用的元器件等，在一个企业内因为企业标准化要求，会尽量有一致性的趋势。因此，生产线也要避免"万国牌"。

如何避免"万国牌"，需要注意以下几方面。

（1）考察供应商时，重点考察综合能力强的供应商，也就是说，这家供应商是可以研发多个针对飞机不同部位的生产厂家。

（2）对于通用设备，例如，爬行机器人、自动钻铆机、自动导引小车（AGV）等，要按照用途集中采购，当然，里面涉及与站位相关的配套协调问题要和有关生产厂商进行充分的技术沟通。

（3）对于主制造商和供应商的相同部段的生产，要尽量采用相同厂家的生产线，以保证飞机部件的生产一致性和协调性。

（4）对于有特长和有专利的生产厂家，要综合协调，按照型号组成一个联合协作团队，通盘设计，协同开发。

🔍 **结果与思考**

影响避免"万国牌"的因素很多，一支技术实践经验丰富、管理能力杰出、高智商、强有力的技术团队是保证不发生此类问题的关键因素。

案例 2.23　掌握核心技术是关键

——对于国外采购的生产线，如何变成自己的维护对象

1. 背景

花巨资购买国外生产线，一开始，新鲜满意，使用一段时间后，就面临一个严峻问题，生产线出了问题，谁来维护？让生产厂家来维修？继续重金外包？

2. 主题切入

这就是题目中的问题：对于国外采购的生产线，如何变成自己的维护对象。

3. 过程

生产线不是自己设计制造，自己也不是鲁班再世，要对生产线进行正确使用和有效维护，必须具备以下几个条件。

（1）生产线图样完整、正确。现代工业，一切行动都要有严格依据，对生产线的维护，必须具备成套的完整图样，不但具有结构图、零组件图，也要求有功能原理图，如电气原理图、液压原理图、控制原理图等，并且，这些图样必须正确、清晰、标准，也应该符合中国航空工业制图标准。如果这些图样里任何一份或一页图样有偏差，将会给维护带来巨大的麻烦。

（2）源代码清楚。现代工程机械的主要特点就是在控制系统有源代码的存在，源代码是设备运转和调整的最重要、最基础性的核心技术，如果不掌握源代码，就像你的 DNA 任由别人改动那么可怕。

（3）维护工程团队强大。有了以上条件，还必须培养一支强大的维护工程团队，这支团队应该由主管工艺、工装技术、专业操作、质量系统、生产线用户等组成，团队从生产线的技术交流、供应商选择、采购合同谈判、研制阶段跟踪、过程验收、最终接收、安装调试和验收使用等，全过程都要仔细深入地参加，保证每个细节吃透、理清。

（4）进入体系运作。生产线作为飞机制造过程中的工艺装备，须纳入公司内部的工艺装备的管理制度进行定期维护。工艺装备定期维护分小检和大检，小检是对外观和与产品接触点面进行目视检查，频次较高，大检是对生产线工装进行全方位的性能检查，包括外观、尺寸、定位元素、结构要素、控制要素等，大检要停产检查。

结果与思考

国外进口生产线的检查更要有新的检查内容和方法，总之，要保证飞机产品的全面质量。

案例 2.24 见识波音移动生产线
——移动生产线是怎么回事？

1. 背景

飞机生产线可以移动，这是波音研制出来的，在 B737 总装生产线上，波音实现了移动生产。本案例以 B737 总装移动生产线为例进行分析。

2. 主题切入

为了满足提速生产需要，1999 年，受日本丰田汽车生产线技术的启发，波音工程师开始研制间断移动式生产线（moving line），2001 年，移动生产线开始使用，从十字架对接到客户终检，每架飞机有 11 天在线时间，现在可以达到每月生产飞机 28 架。

3. 过程

在波音的引导下，我曾经亲临 B737 和 B777 移动生产线现场，随移动生产线的移动而动，深度考察了移动生产线的移动原理和设备构造，在一些低结构的工位，曾经多次蹲在地下仔细观察、研究和讨论。B737 生产线每分钟由各站位的引导小车（AGV）牵动移动 2 英寸左右，肉眼可以看出它的移动。

B737 移动生产线各工位上有三色灯，紫、黄、绿，三灯由区域负责人点亮。绿色灯，代表一切 ON TIME，正常运行；黄色灯，代表 15 分钟内解决不了的问题，需要工段向上反馈问题；紫色灯，代表 2 个小时解决不了的问题，生产线要在该处停产，相关组织（工程、质量、生产计划等）一定要拿出解决方案。

在长长的总装车间里，移动生产线成环状设置，在生产线上，第一天称为 DAY1，为生产准备区，各大部件在这里进行进线前的综合检验和清理；第二天称为 DAY2，是系统集成区，开始在机身里面装系统和隔音棉；第三天正式进入移动流程，名字改为 Flow Day（FD）3，这个站位进行机身和机翼对接，机身已经在威奇塔市的 SPRIT 供应商厂成龙，机翼是飞机的核心部件，技术含量很高，在波音的 RENTON 分部生产，我也参观了机翼生产线。在 FD3 站位，还要同时安装起落架，这样，飞机才可以落地，在移动生产线内行走。在各个站位，都有一个充满各种装配工具的移动工具小车，就是没有活扳手，说明波音飞机上任何紧固件的安装都有配套的安装工具，不允许不确定的、由操作者进行调整的工具在现场出现，确保飞机装配质量和安全。到 FD4，安装垂直尾翼、水平尾翼、货舱门、驾驶舱、地板、飞控系统和液压系统。FD5，安装 EDO 总线、厕所、热水处理器、电子舱，开始从后往前装内饰。FD6，货舱内饰安装，继续电子舱安装，继续驾驶舱安装，厨房安装，内饰行李架安装，开始进行电气测试第一天（高压、低压），质保进入，密封，进行加压开始气密测试第一天，动力充电，货舱加压测试、起落架收放。FD7，货舱内饰安装完成，电子舱安装 90%以上，厕所安装完成，铺地板，安装座椅，对方向舵进行测试，尾翼动作测试，机翼油箱盖关闭，客舱完成，整流罩安装，电气试验、燃油试验在这道工序完成，所有机翼活动面测试完成。FD8，装发动机，飞机边走边装发动机，从发动机用专用引导小车（AGV）上顶起到安装最后一个紧固件，我跟着走了一个过程，大开眼界。在这个周期内还要内装必要的器具，如马桶等，安装飞机各种照明，至此，飞机安装工作量结束。FD9，是客户终检区，主要是对飞机外观、活动面的灵活度进行目视检查，发动机不启动，最后进行全机淋雨试验。

飞机在波音 RENTON 分部自己的 1.6 公里试飞跑道上加油、点发、验证电子仪器，由波音飞行员第一次试飞，然后，转场到西雅图总装机场第二次试飞，飞机交付客户，客户按照 C1 检程序进行验收。

结果与思考

过去，只知道汽车可以实现边移动边装配，现在全世界都在飞机上使用了这个理念，中国的一些飞机制造也使用了这样的生产线，飞机工业在进步。

案例 2.25　被别人牵着鼻子走的滋味难受
——400 万的一个小小修改引起的思考

1. 背景

飞机先进生产线是把双刃剑，路子走顺，那是代表着先进生产力的形象，路子走逆，处处是陷阱。

2. 主题切入

有那么一条某型号、某部件、某站位的生产线，因飞机产品设计更改，需要生产线这个站位中的一个辅助移动工作装置更改一下行走路线，硬件没有做什么改动，只是把控制程序改一下，因为控制程序的源代码外国供应商没有提供给飞机生产企业，因此需要供应商提供服务支持，供应商开出的费用是四百万人民币。

3. 过程

这里不展开谈究竟改了什么，只就这件本来不算大的更改一事本身，谈谈生产线受制于供应商带来的后果。

在策划飞机生产线时有一些原则应该遵守，即选用时机的原则，选择程度的原则，谁来选择的原则，选择谁家的原则，掌握主控权的原则。

（1）选用时机的原则。先进飞机生产线有价格昂贵、组织复杂、知识专利、大改困难等特点，针对这些特点，飞机在刚进入研制制造时，因为飞机设计没有定型，也就是结构没有冻结，大量的飞机设计更改频繁发生，有些更改甚至是对部件结构进行颠覆性的改动，这个时期，生产线以传统的工艺装备为主，不宜采用太先进的、自动化程度高的完整生产线。等到开始进入批量生产了，飞机设计构型基本冻结，不会有大的更改，可以考虑使用先进的飞机生产线，这个时候，生产线也要为飞机产品构型的局部变化留出更改的余地。

（2）选择程度的原则。在飞机研制批，生产线的工艺布局可以规划出来，生产线的大体结构可以研制出来，飞机装配的定位装置可以采用人工工作方式，同时在人工定位处留出自动装配单元空间，为布局先进生产线元素提供余地。在飞机进入批量生产时，按照此时的飞机状态，用自动作业元件替代手工作业元件，实现先进的自动化装配。前后两套定位装置的制造者，最好有连续性和继承性。

（3）谁来选择的原则。飞机先进生产线包含了巨大的飞机制造技术信息，飞机制造生产线实质上就是一种先进的工艺装备，选择和规划者应该有丰富的飞机制造工艺经验和工艺装备经历，因为要适应研制批和批量生产的连续建设，飞机产品设计人员也应该介入生产线研发的全过程，对飞机产品的实际状况和未来状况进行描述。谁来选择决定了生产线未来的使用能否顺利和成功。

（4）选择谁家的原则。即便是通过招标公司来决定花落谁家，但作为用户来说，应该完全了解各家供应商的综合特点，控制招标导向，力争买到适用的、想要的生产线。要做到这一点，事先大量的考察和交流功课必不可少。考察的参与者也必须是未来的最终用户和生产线未来的维护者，更必须由有经验的专家团队组成。

（5）掌握主控权的原则。包括更改容易原则，定检方便原则和维修成本原则。虽然生产线也许是供应商研制的，但作为使用者，必须对生产线掌握主控权。要掌握主控权就必须在招标书里和合同中明确一些必要条件，生产线的全套图样要按照用户要求和格式提供给用户，电气、液压等原理图要清晰、准确，有利于用户使用，控制系统的源代码必须提供给用户，以便在对生产线进行结构和操控更改时有开锁的钥匙，供应商必须为用户培养一批可以不依靠供应商就能对生产线进行维护的工程技术团队，方便生产线的定检，不能靠供应商提供生产线的终身维护，同时也让用户可以控制使用和维护成本。

🔍 结果与思考

先进生产线对于中国的飞机制造业来说，无论从技术方面，还是管理方面，都是新生事物，认真研究其特点和规律，才不会吃亏。

案例 2.26　移动始于批量生产时
——总装生产线什么时候移动起来才最合适

1. 背景

自从波音 B737 飞机总装线引入丰田汽车理念使其移动以来，移动生产线在飞机制造领域成了相继模仿的技术，我国的航空制造领域也在积极采用移动生产线。

2. 主题切入

追求先进技术是好的，如果不顾飞机制造的客观规律，不分时间、不分阶段地采用移动生产线，就会出现不可收拾的难堪局面。

3. 过程

对于移动生产线，德国的一家知名公司在与用户进行技术交流时，就如何分时段采用移动生产线，提出了一个很明确的建线思路，我当时在笔记本上做了详细的记录。

（1）该公司建议，在飞机研制期，飞机构型有许多不确定因素，每架飞机的生产周期很长，时间无法预料，因此不需要移动生产线，只要两个站位，就可以解决飞机总装的工作量；

（2）在批量生产 1～20 架/年期间，也不需要移动生产线，只要固定站位即可；

（3）在年产 21～100 架期间，只要机身移动即可，全机总装不需要移动；

（4）在年产 101～150 架期间，可实现机身移动+全机移动。

移动生产线不宜过早建设，否则会放置很多年不能使用，等要用到移动生产线的时候，它可能已经成为一堆废铜烂铁了。

如果一早就花重金进口了先进的总装移动生产线，现实的结果就是，该生产线买回来十年，该型号还远远没有达到年产 100 架以上的批量生产水平，生产线闲置了十年！而未来十年是否能够用得上，还是个未知数。大家知道，凡是先进生产线，必定有微电子技术和电气结构，涉电的组织，其寿命也最多是十年安全期，过了十年，质量如何保证？那么，到了二十年呢，说变成一堆废铜烂铁，绝不是夸大其词！

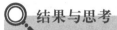

结果与思考

常言道，真理往前多走一步，就是谬误。

第三章 零件制造

航空专业大学里一般都有一门专业课，称为"飞机零件的制造"，我当年学过这门课，觉得当时这门课其实只讲了普通零件的通用制造知识，并没有特别体现出飞机零件制造的特征，飞机零件制造中会遇到很复杂的事情，本章只选择一些典型的案例加以展示。

案例 3.1 水有源，树有根，协调有其本
——钣金粗放生产与精细钣金

1. 背景

国内飞机在机体结构装配时，通常会出现钣金零件不符合装配要求的现象，追根寻源发现，钣金零件从成形模具上下来后，在装配前，一直处于变形状态，有些变形是有规律的，而有些变形是无规律的，此种情况的长期存在，逼迫钣金工艺、装配工艺练就了大侦探的本领、老法师的技巧，造就了一批"三榔头"的大国工匠。而引起这种对机械制造并不非常科学手段的原因，就是长期以来采用的是粗放式钣金生产，而不是精细钣金制造。

2. 主题切入

所谓粗放式钣金生产，指的是没有经过细致解决应力应变问题，在不确定和不固定变形结果时就参与后续装配的钣金零件的生产方式。中国航空工业的钣金生产技术来自苏联航空工业，半个世纪以来，受中国工业基础落后的影响，钣金加工工艺一直没有从根本上取得进步，仍然处于只要及时生产出零件满足生产进度要求，而很少考虑后续变化影响的状态。

3. 过程

要改变这种现象，就要着重解决若干问题。

从钣金件的成形模具设计开始，就应该考虑精细钣金的概念，具体做法是，对不同的钣金外形选取不同的回弹角，使得应力回弹对零件的外形变化影响达到最小值，通过实验编制出一本《钣金成形回弹参数手册》，此书在波音和空客已经

作为企业标准，而我国还没有编制出来，也许有零零散散的经验数据，散布在一些工程师手中，但还没有汇集成册。

在钣金零件成形时，选用合适的成形设备极其重要，宁可大马拉小车，也不要小马拉大车，从欧美钣金生产线的考察来看，钣金零件成形设备规格都很庞大。

钣金工艺设计时，要充分考虑钣金零件制造工序间的变形消除问题，其中，时效时间、时效节点、时效过程要精心设计，不能因生产进度急而改变时效时间或减少时效次数。钣金零件边缘铣切要采用真空吸附模具技术，对外形铣切的应力改变和释放应该通过试验获得经验数据，科学合理地把获得的经验数据应用在数控编程中，以便得到期望的变形结果。

钣金制造过程中，尽量避免手工干涉操作，因为手工操作的不可控因素太多，对于零件的变形趋势无法有规律地把握。在制造过程中，尽量采用真空吸附技术来均匀地面状施加外力，避免采用点状夹持零件。

对于制造完成的钣金零件，要进行无应力环境下的尺寸和外形检验，要进行100%的无损探伤。

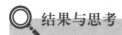结果与思考

以上是精细钣金的一套粗线条方案，要进行充分论证，还需要大量试验。

案例 3.2　鱼米之乡是需要环境条件的
——复合材料制件生产基地选对了吗？

1. 背景

飞机先进复合材料制件在飞机机体上的广泛使用成了现代飞机制造的明显特征，全世界许多飞机制造厂都在争先恐后地建立复合材料制件制造能力。用"争先恐后"一词是为了说明一些工厂上马不顾自身条件，选址不讲究环境科学，用了十倍的成本，得到一成的结果。

2. 主题切入

那么，如何选址才符合客观要求？让我们看一下空客是如何选址的，就明白许多道理了。

1991 年下半年，我因为与德国 DA（Deutsch Airbus）公司合作的一个预研飞机项目，到 DA 施塔德（Stade）工厂进行了重点考察和学习，作为一个研制飞机复合材料大结构件的专业厂，就其规模和技术水平来说，施塔德在世界上是排在

第一位的。施塔德在地球上的位置，经度 9°28′W，纬度 53°36′N，在纬度上和中国的漠河共线。这里风景优美，环境安静，气温高寒，空气洁净，湿度适宜，是一个特别适合静悄悄干点事情的场所。注意，我这里用的几个形容词都是有深意的。

我和同事来到这里考察，正值寒冬季节，来到施塔德小镇，觉得这里尽管风景不错，但不热闹，尤其没有大型工业基地，更没有机场，我好奇地问德国同行："这里很偏僻，怎么把空客的复合材料制造中心选址在这里？"德国同行笑了笑，说："你这个问题问得好，根据复合材料的工艺特性，在生产地点的选择方面还真是有讲究，在选址条件上有许许多多的要求。"

3. 过程

在选址方面，对工厂的周围环境方面有四大要求，第一是温度要求，也就是说，环境温度尽可能要低一些，这一点，北欧国家基本上都符合要求；第二是湿度要求，这里不靠海，空气比较干燥，适合复合材料的储存和生产；第三是空气要干净，你看，这里的环境像花园，无工业污染，空气洁净度条件很好；第四是周围没有震动源，复合材料对微量震动极其敏感，这个小镇没有重工业，也没有机场。"机场？"我疑惑地问道，他说："你的问题提到点子上了，据实验室试验结果得知，飞机起飞和降落时，对空气产生的冲击波震动会给复合材料铺层的内部质量产生不良的影响。"他悄悄告诉我，这是他们工厂的技术专利，需要保密，不能多给我介绍，今天，告诉我这个信息，已经是业内小范围的人才能够知道的秘密。这几条，我印象很深，本想在国内的复合材料生产建设上发挥这些经验和知识的能量，但在当时很难被采用。

2009 年年初，某公司在讨论在本地建设飞机复合材料生产能力的时候，我作为专家参加。我想，我有在德国空客的工作经历，有在大型飞机制造企业从事过国内复合材料飞机部件攻关制造的经验，应该为国产大飞机的制造能力建设提出建议，供高层决策。

我开始发言："要按照科学的规律，顺利地生产出合格的复合材料制件，一般来说，选择建设厂房的地方要符合五个基本条件，一是该地区的常年平均温度要低；二是该地区的大气环境要尽量干燥，也就是说，湿度要尽可能低；三是该地区的空气质量要高，尽可能清洁……"说到这里，就有人打断了我的发言，反驳我道："你不要往下讲了，按照你刚才说的这些条件，显然，讨论的这个地方是无法保证你说的条件的，不要管这些条件了，国内各个飞机制造大工厂都有复合材料制件加工能力，本厂一直没有，我们就是要利用国家这次研制大飞机的机会，在这里建厂，要克服一切困难，生产出复合材料产品。"

参加会议的人，几乎异口同声附议，赞同建造复材生产基地的发言，我的口被封住了，我当时只讲到了三点，还有很重要的一点没有让我说完，我只好对会议主持者说，咱们几年后看结果吧。

现在十几年过去了，结果……

结果与思考

国内处处都想做复合材料制件生产，国家给投资了多少亿白花花的银子呀，其结果呢？

案例 3.3　只有与时俱进，才能技术进步
——数控加工的金属制件不允许无授权打磨！

1. 背景

飞机制造历史有一百多年，制造工艺的进步是随着科学技术的发展而有新的要求，不是一成不变的。飞机零件进行手工打磨，在飞机制造初期和中期，是必须的和合理的，但是在机械加工手段极其发达的今天，再进行无授权的手工打磨，就是对飞机产品的破坏，这一点，飞机制造行业有很多人都没有概念。

2. 主题切入

20 世纪末，一家大型飞机制造厂在为波音公司生产主要飞机部件。波音对打磨问题要求极其严格，没有波音的授权，供应商不允许私自对加工后的飞机零件在工序之间进行打磨。如果擅自打磨，就是违反工艺纪律，就要进行严厉惩罚。而该公司无意中触犯了波音这道红线，被波音亮出红牌，令其停产整顿三个月。这家公司总经理飞到美国波音总部，当面做出深刻检查，赔礼道歉。此事，在国内航空工业界引起巨大的轰动，由此，大家才明白，飞机制造已经到了不允许打磨的时代，那种任其打磨的工艺已经被淘汰了。

而到了另外一家知名飞机制造厂，才发现，这家厂不但在机加车间专门设置了庞大的打磨工段，机加后的零件进行手工打磨也成为该车间的标准工序，而对于打磨后的零件随时间变化而变化，却没有人进行跟踪和研究，以致交付到装配车间的零件已经严重变形，也就认为是合规的、合理的和合格的。长期下去，就见怪不怪了，即使后续装配时出现严重的问题，也不会与手工打磨联系在一起考虑。

3. 过程

深层次的分析后，发现一系列的制造工艺都有可改进的地方。

打磨产生的原因，无非有这么几点。

（1）加工程序编制中留有打磨余量；

（2）设备加工范围限制，使得一些尺寸无法加工到位，需要加工后打磨；

（3）设备使用功能未彻底开发出来，功能性地留有余量；

（4）刀具选择不合理造成的加工不到位；

（5）传统思维限制了对设备的有效使用；

（6）对打磨后的零件变化不利后果认识不足；

（7）零件不打磨，会影响一些人的就业；

（8）不愿承认打磨工艺有问题。

解决这些问题，就要从综合方面来考虑办法了。

（1）加工工序中，若无工程和工艺特殊授权要求，编程员在编制的加工程序中不得留有余量，这是对编程工艺的最基本要求。

（2）如果设备限制，就必须进行技改，不允许迁就设备而降低产品质量要求。

（3）设备功能未彻底开发出来，或者是对设备的功能不熟悉，就要进行设备的使用培训，一定要最大限度地利用设备。

（4）为了节约钱而采用廉价刀具进行加工，无疑是一种得不偿失的行为，要知道，设备本身的使用价值要远远高于刀具价值，不能因为刀具昂贵而降低对更昂贵的机床的使用效率，等于把一架飞机当牛车来使唤。现在，很多企业解决不好刀具的正确选择问题，有复杂的原因在里面。好马配好鞍，先进的机床就必须配备优质的刀具。

（5）传统思维限制了对设备的有效使用，是指有些企业错误地认为把机床用到性能的极致，就会减少机床的使用寿命，因此，主轴转速 10000 转/分钟的数控机床，只允许使用到 2500 转/分钟，设备的转速长期不饱和，反而会减少机床的寿命，也会使加工的产品热量增加，从而应力增加，难以做出精度高的产品，因此，也会产生打磨的现象。只有发挥机床的最大功能，才是提高效益，降低成本的基本途径。

（6）打磨后的零件，会增加不规则内应力，会破坏加工后的零件材料纤维，会使零件产生无法预料的变形。果断取消打磨工序，应作为一种制度执行。

（7）取消打磨后，闲置的工人可以再培训，到其他岗位上就业。

结果与思考

　　这个案例说明了一个实际存在的问题，工业发展是有规律的，铁匠铺式的管理思路，放在今天复杂工业的管理中，必然失败，只有与时俱进，才能有所作为。

案例 3.4　投机取巧不是提高效率
——一次放七张薄板进行加热成形的趣事

1. 背景

这个故事发生在某飞机制造厂，在热压成形一种 0.4mm 厚的钛板零件时，操作者为了图省事，在单次成形过程中，一下子放置了七层板材进行热压。这听起来不可思议，但确实是在发生着，以致交付的零件总开拒收单。大家百思不得其解，我到现场在十分钟之内给解决了，想起来国外那个一个粉笔圈价值多少美元的故事[①]。

2. 主题切入

飞机的结构件越来越多地使用到钛合金材料，在某型号中，使用厚度为 0.4mm 的钛合金内衬板，这种薄板件是由一家供应商负责制造和提供的，从第一架飞机开始，这块板就没有合格过，因起皱程度过大而每架次都开 FRR（不合格品拒收报告）处理，每次都是设计无奈地签署"同意使用"。同意使用并不是说是可以满足设计要求，或者说设计同意改图和降低要求，而是勉勉强强批准使用。这个情况存在多年，主制造商去解决了好多次，就是无法拿出一个正确的解决方案，如何从根本上得到改善？

2016 年，眼看这个问题一级级向上汇报，就是解决不了，这个时候，主制造商想到了我有出其不意地解决疑难杂症的本事，提议让我出面去解决问题。

3. 过程

我来到了供应商钣金车间生产工段，供应商单位让车间主管工艺到现场解释存在的问题。等了好久，才看见一位年纪约五十岁的技术人员慢腾腾走了过来，表情上有些不耐烦的样子，估计此人面对这个场面已经多次了，他漫不经心地把这个问题的表象简单地解释了一下。当听说主制造商的总师来解决问题了，有些不屑一顾，转身就要离去。这个节骨眼上，主制造商总部的一位负责人解释了一句，说这位总工艺师是原来某某大型飞机制造企业的总工艺师，很有经验。他一

---

① 这个故事发生在 20 世纪初美国的福特公司，一天，福特公司旗下的一家工厂的电机出了问题，电机停止运转，导致整个工厂都停止了运转，这带来的损失非常大。福特公司请美国的著名电机工程师斯泰因梅茨前来查看，斯泰因梅茨很快就来了，他仔仔细细地检查了很久，又花心思坐在电机边上听运转声，忙活好一阵儿之后，找来粉笔，在电机外壳画了一条线，让工作人员打开电机，将记号处对应位置的线圈减少 16 圈，工人照做，结果故障果然排除了，电机很快恢复运转。当他们问斯泰因梅茨要多少报酬的时候，斯泰因梅茨却给出了一个意想不到的数额：1 万美元。粉笔画线 1 美元，找到问题 9999 美元。

听这话，立刻停止了离去的步伐，转身快速来到我的身边，以一种怀疑和期待的复杂目光看着我。我微微一笑，问："热成形模具在哪里？给我打开看看。"他立马找到车间调度部门，让吊车工把沉重的模具上模用吊车打开，我上前用手抹了一把，表面像锉刀刀面，粗糙度很差。我嘀咕了一句，难怪呢。工艺员小心翼翼地看了我一眼，他问我："这是主要问题吗？"我没有忙着回答他，我看了看他，问他："我冒昧地问一句，每次热成形时，你们都放几张板料进去？"工艺员的脸色有些不自在了，小声地回我的话："一次放七张。"他可能为他的图省事而不好意思。好了，问题找到了。我把在场的所有人叫到我身边，给大家介绍了我在现场了解到的第一手材料，说："解决这个问题的方案有了，第一步，修光模具表面，达到 $Ra\,3.2$ 的表面粗糙度；第二步，每次放进成形模具之间的板材只允许 1～2 张，不允许超过 2 张；第三，如果可能，在模具型面与钛合金板之间或者钛合金板之间均匀撒上滑石粉，以利于模具与产品之间在加热成型过程中的自由滑动。"我看到工艺员把我说到的几条都认真地记在笔记本上了。

现场处理问题时间不到半小时，我就离开了现场。离开现场时，我对他们说，有了结果，第一时间告诉我。半个月后，总部有关部门负责人亲自打电话来，说供应商严格按照我的方法去做，产品全部都合格了，对我一再表示感谢。

从此以后，只要我去这家企业，都是被作为上宾对待，该公司的制造工程部几次约我给他们的工程技术人员讲课。

结果与思考

> 任何工艺都有其科学规律，并且这些规律往往都是普遍性的。有时候，在现场解决问题，只要经验丰富，解决问题的点子几乎都是下意识的。

案例 3.5 节约怎能取代科学？
——数控铣床的主轴转速越低越省床子？

1. 背景

中国人的文化，节约就是美德，但如果在花费高价进口的先进设备的使用上也采取节约使用的思想，就有些不可思议了，带来的后果是先进的设备不能最大限度地发挥它的效能，白花花的银子买来一个摆设。

2. 主题切入

20 世纪 90 年代初，中国航空工业引进了一些国内无法制造的高级数控加工设备，例如，5A3P 五坐标数控龙门铣好几家主机厂都有进口，但该机床到国内的待遇和结果却大相径庭。

3. 过程

A 公司引进了这台机床，拿到手后，在使用部门、工具部门、机动部门和计算机站的努力开发下，这台设备当年安装并投入使用，发挥了最大效率，为 A 公司的数控加工生产做出了巨大贡献。我记得，在我任 A 公司技术装备总厂总工程师期间，特别给属下的工具处下过指示，为 5A3P 机床使用刀具开放绿色通道，要舍得花钱，采购最合适的、能够发挥机床使用效能的刀具给 5A3P 机床使用。

B 飞厂也引进了这种设备，对其待遇却与 A 公司截然不同，如前所述。

这就犯了一个常识性的错误，殊不知，数控机床在使用额定转速时对机床的磨损是最小的，低速反而磨损机床的结构，加快机床的功能退化。

结果与思考

引进国外先进技术和设备，花费巨资买回来，就要充分地使用起来，而不是作摆设，舍不得最大限度地去使用，最后，眼看着好东西不能发挥高效能。

案例 3.6　微观往往影响大局
——零件加工后的应力应变问题

1. 背景

飞机上有千千万万个零件，没有一件是直接把毛坯装到飞机上的，均需要进行不同程度的加工。只要进行加工，就会对被加工的零件施加外力，按照材料力学的原理，零件内部就会产生应力应变，使得加工后的零件尺寸偏离飞机设计要求，给飞机装配带来麻烦。这本是行业内都应该知道的原理，但是，却也有些人对此缺乏认识。

2. 主题切入

在飞机生产现场，常常会遇到零部件的自身变形问题，无一例外地，变形的内因都是零部件内部组织发生了变化，而引起这种变化的主要推手就是残存在结构组织内部的应力。这在材料力学和理论力学中都是基础知识。

飞机结构中的材料无非是金属类材料和非金属类材料两种，任何材料都会在内外因素的作用下产生应力，不同的工艺方法和不同的加工参数，会使材料内部产生大小、方向和分散度不同的应力状况。材料的尺寸和形状也会影响应力的分布。充分认识应力对零部件的影响力，有利于飞机制造中复杂问题的有效处理。

3. 过程

　　解决飞机零部件应力的方法有以下几种。

　　对于钣金零件，要从成形模具的外形设计入手，要考虑钣金件在加工过程中的回弹，模具的回弹角要选取合适，有些钣金件要进行热成形，以减少回弹程度，有些钣金件在成形过程中要考虑应力释放的时间，所以，工艺设计显得十分重要。有些钣金零件在成形后，要进行切边（外形）加工，就要考虑加工的变形趋势，要使用真空铣切夹具，并且要根据零件的尺寸、外形和应力释放情况，设计合理的加工参数等。还有一点，要特别注意，就是钣金零件工艺在规划时，一定要对该钣金件在后续工序中参与装配的周边对象和装配环境有全面了解，这就是工艺系统之间的互换协调技术，至关重要！

　　对于机加零件，要保证加工参数的合理选取，能高速加工的，就不要低速加工；能一次装夹加工成形的，就不要转换定位基准和夹紧方式；能直接加工到尺寸的，就不要授权打磨；飞机长宽比大的机加件越来越多，预制毛坯的应力释放问题要充分考虑；机加件上需要制出的用于装配定位的基准孔，最好一次钻到位，不要轻易留余量；机加零件，要充分利用机床优势，尽量不给装配过程留工艺余量等。

　　对于复合材料制件，固化成形是关键，人们想象复合材料制件固化后不会变形，实际情况存在差异，如果在复合材料制造部门的各个环节中有某一个环节控制不好，复合材料制件就会出现内部问题，内部问题就会引起复合材料制件的持续变形，而复合材料制件的持续变形比金属件还难处理，因为金属件可以修正，复合材料件很难修补。因此，除了温度、湿度、清洁度、震动等影响外因外，选取合适的成形工装也是关键技术。

　　对于装配来说，考虑应力应变是个大课题，总之，遵循一个大原则，前道工序不给后面工序造成应力积累，这就是技术，也是道德，更是质量安全要求。

🔍 结果与思考

　　应力对于飞机制造过程来说是普遍存在的，科学地处理飞机制造中的应力问题，对于飞机设计是理论上的弥补，对于飞机生产来说是道路上的铺路架桥。

案例 3.7 被许多人误解的观念
——零件加工一定要符合工程数模尺寸吗?

1. 背景

近些年,飞机制造中,有一种颇有争议的定义,飞机零件加工一定要符合设计数模要求,否则就违反"制造符合性"原则。

2. 主题切入

"制造符合性"原则来自适航当局的适航条例,其定义为民用航空产品和零部件的制造、试验、安装等符合经批准的设计。在这样白纸黑字、明确无误的规定下,各个方面的职能和业务系统的要求都显得特别一致,那就是在飞机制造过程中,任一行动过程,都必须符合批准的设计,不能偏离设计分毫。但这样的话,就不是造飞机了,而是堆积木了。但是,造飞机又不像堆积木那么简单,这就进入悖论状态了。

3. 过程

按照国家相关标准,飞机产品制造是个大范围的术语,其包括工艺设计、机械加工、钣金成形、组部件及全机装配、各种试验和安装等,首先,"制造符合性"的定义都是有问题的,有很深的外来语翻译的痕迹,把制造与试验和安装割裂开来,本身就是说不通的。

其次,分析飞机设计是什么,在中国,飞机设计只是理论上定义和细化出飞机结构和原理,其发行的技术文件并不含有具体的制造信息,那么,让飞机制造单位只得到批准的设计,如何制造?

解决这个问题有以下几条路可以走。

一是让飞机设计把制造工艺信息详尽地在设计技术文件中规定出,包括使用什么样的设备、刀具、机床、设备加工参数,以及加工什么样的零组件,甚至是在什么工作环境下进行制造活动,用什么样的工具和方法去检验等,都事无巨细地描述完整。目前,这样做无异于天方夜谭,设计根本不具备这个能力。

二是把飞机设计和制造工艺部门合二为一,在理论和结构设计时,就由工艺员分步骤把以上制造信息完善在设计文件中,从国内管理体制上,目前还无法做到,起码就中国的现状来说,还有综合复杂的因素,无法实现。

三是修改适航条例的内容,让其适合中国国情,引进美国的适航条例不能一切照搬,承认工艺设计也是飞机设计的一部分,留给制造工艺更多的制造过程修改和控制权，把"制造符合性"后移，放在飞机成机后通盘考虑。这是最容易做的，也是最可能操作的方法。

 结果与思考

条例再严格，如果不切合实际，也会出现许多人为无法解决的问题。

案例 3.8 难得到不等于得不到
——加工复合材料制件的刀具真难得到

1. 背景

多年来，飞机制造厂左一个课题，右一个攻关，对于选择合适的刀具加工复合材料制件问题一直在探索。

2. 主题切入

与金属件加工不同，复合材料有其独特的机械性能，所以，对其切削加工使用的刀具有更加复杂的技术要求。据了解，目前，世界上先进飞机制造商的复合材料制件加工所使用的刀具都是授权专业供应商专门研发和批准使用的，目前中国的刀具行业还不具备这方面的技术标准和生产能力。

3. 过程

复合材料制件加工使用的刀具都十分昂贵，且大多数是进口刀具。在选用哪一家刀具的过程中，遇到了很多麻烦。

在国内，代理外国刀具的商家多如牛毛，并且水深鱼杂，到底谁家刀具性价比最高？购买者确实很难判断，再加上刀具供应商的市场繁杂、经济异常活跃，结果是好的刀具没有采购到，最低价中标的刀具根本不能用。

在这种严峻形势下，国内航空工业都采取了各自的管理办法来规避各种现象的发生。

中国航空工业集团有限公司（简称中航工业）通过专属的互联网，建立了专门的刀具采购平台，通过国内外大量客观的调查研究，专为复合材料刀具的选择建立了采购库，利用大数据指定经受国内外专业考验的若干家刀具厂商作为中航工业内部企业的选择依据，采购不得超出规定的范围。经过一段时间的考验，淘汰不满足要求的，再添加一些新的厂商，维持不断。这种采购管理权相对集中，有利于避免不规范的采购，节约比价和采购周期，降低采购成本。这是一种自上而下负责制的管理模式,有其成功的一面。

中国商飞在采购过程中,吃了许多苦头,经过了多次反复,选择了试刀的办法来确定谁家刀具性价比高。方法是,通知各家刀具供应商,按照要求的技术条件,例如,加工对象的材料性质、材料尺寸、加工参数等,各自送一定数量的刀具,到生产现场进行试刀,根据最大的综合加工效果,最后确定胜出的刀具生产厂商。当然,这里面还有一些问题,例如,在试验刀具时,厂家送上最优质的刀具,一旦被选中,提供的合同刀具远远不如送试刀具,还有,事先联系试刀人员,企图让试刀人员把不好的刀具确定为好刀,把好的刀具给淘汰掉,这些现象时有发生,真可谓"刀具不大,乱了天下"。

制定更加科学、合理、严格的管理方法和处罚措施,让打招呼的不敢开口,让伸手的人收手,让不合格厂商出局,才能采购到可以使用的刀具。

结果与思考

在管理存在漏洞的情况下,不严厉打击违法乱纪现象,刀具采购就是一团烂泥,很难收拾。

第四章 部件装配

飞机制造专业里，飞机装配是核心技术之一。成也装配，败也装配，在飞机制造过程中，机体装配是承前继后的一项工作，辛辛苦苦加工出来的零组件，在这里要不出问题地进行协调装配，后面的全机系统安装要有一个合格可靠的基础，保证飞机整机下线出厂，因此，有效处理装配过程中的技术问题，是合格交付飞机的主要环节。

在装配过程中，往往最容易出现奇奇怪怪的问题，有些问题可以快速解决，有些问题让人头疼，即使多年攻关也不一定能够解决。本章用曾经发生过的事件作为材料，为大家揭开一些飞机装配中的秘密。

这里的飞机装配指的是飞机机体装配，关于飞机总装，在下一章讲。

案例 4.1 十四年的悬念
——一个十四年没有解决的质量问题

1. 背景

某厂承担波音水平安定面的转包项目已有多年的历史，但是在终检站位的检测点一直存在无规则、不稳定的超差现象，该厂长期以来被这个问题困扰。该案例描述了解决该问题的全过程，从中可以总结出一系列发现问题根源、解决问题的思路和办法。

2. 主题切入

受厂长指示，我调研了与波音水平安定面相关的生产现场。先是来到装配车间，去看了终检站位，一台刚性很足的、分布着上下 16 个间隙检验点的检验夹具，再对水平置放着的 B737 飞机水平安定面尾沿的厚度尺寸进行最终检测，这就是出问题的地点。我与现场干活的工人进行了简单的交谈，让他们给我拿出一把在有效期的检验塞尺，我分别对 16 个间隙做了测量，确实发现有几个点超差，我问工人："是否每次都是这几个点超差？"工人告诉我："没有规律性，这次是这几个点，下次可能是别的几个点。"我还问工人："超差的值是否都是一致的？"工人说："也不是，有时大些，有时小些。"我基本上判断出问题的原因了，就是被检测部位的材料不稳定，在做无规律的变化。那么引起无规律变化的根源出在哪里？我继续到前面的工序观察。

我来到装配车间，沿着装配顺序进行逆向调查。因为我在西飞公司曾经负责过 B737 水平安定面的项目，所以，对产品的装配并不陌生，一台台装配型架看过去，看工人的操作流程，问工人的操作习惯，了解每台型架装配的产品在架上的合格情况，看每个零件装入型架前的自由状态，特别专注于终检站位变形有关部位零件上型架前的情况，来到后缘舱铆接型架旁，一个工作台上放置着一根与终检站位变形有直接关系的后梁缘条，我发现应该几乎与平台贴合的缘条，就像一个高射炮，与桌面几乎成 45°角，这进一步加深了我对问题的判断把握。从装配车间的情况来看，装配工装是按照波音图纸仿照设计并经波音公司严格批准的，应该没有问题，装配流程也是波音验证过的，也不应该怀疑。

我随后来到数控加工车间，了解这根变形异常剧烈缘条的加工情况，发现这些缘条是在一台 27 米长的 5A3P 大型数控铣床上加工出来的，便问了一下加工参数，得知，一直以来，这台数控铣床用 2400 转/分钟的转速加工缘条，加工后还要进行不断的手工打磨和后续工序制孔，当修锉得符合飞机设计外形了，才交付装配车间，我考虑到这个环节可能是改进质量的最关键环节之一。

当了解到这根缘条还有毛坯预成形加工工序时，我来到了钣金车间，问车间技术负责人，这根毛坯是如何预成形的？钣金车间负责人告诉我，是三点式常温下压弯，我看了看毛坯，截面如此大的毛坯采用三点式冷压弯，那该有多大应力回弹呀。果然，问了机加车间技术负责人，负责人告诉我，预成形后的毛坯到了机加车间，回弹很厉害，数控加工后，还要进行二次弯曲，隐患很大。

至此，两个多小时的生产线调研结束，我基本知道问题出在哪里了。随后，形成了一份 1000 字左右的调查报告，第二天上班，就交给了厂长，并简要进行了调研情况汇报。厂长说："这么快就找到原因了？"我肯定地点了点头。他说："好，组织开会。"

攻关组成立起来了，我被任命为组长，攻关成员由相关部门的技术负责人组成。攻关组成立会上，厂长强调了做这件事的意义，强调了承诺给用户的事要做好的思想，强调了想做的事情一定做成的精神，并且要求，没有克服不了的难题，一抓到底，彻底解决。

3. 过程

攻关组成立后，我正式开始深入调查研究；并就终检站位系列问题与波音驻某厂供应商代表 BRT 进行了富有成效的对话，得到了美国波音总部的快速反应，波音表示，不久将派专家访问某厂，配合我解决终检站位问题。

我研究了波音水平安定面的装配流程，分析了后缘骨架结构图样，查看了后缘组件定位原理，考察了装配车间的装配工艺布置，调查了终检站位功能，对水平安定面组件进行了外形测量，调查了终检站位外形检验方法和标准。

我跟踪了机加车间的缘条加工过程。数控加工设备的梁缘条是在 5A3P 大型数控铣床上完成加工的，该中心床身长 27 米，主轴最高转速 10000 转/分钟。然而由于缺乏高速切削工艺技术，目前只能基于传统的切削加工工艺，采用保守的切削用量，主轴转速维持在 3000 转/分钟以下，不能实现高效数控加工。

我研究了制造大纲（FO）。对于加工刀具目前几乎全部使用普通整体高速钢（high speed steel，HSS）刀具，HSS 刀具加工铝合金效率较低，铣削速度一般不超过 300 毫米/分钟，限制了加工效率的进一步提高。对于加工工艺，由于梁缘条系列零件比较复杂，圆角和斜面很多，刀具轨迹烦琐，加工过程中部分参数采用低速大切深，精加工过程中采用低速（2400 转/分钟）加工，造成切削力过大，容易在加工过程中产生颤振，又由于零件的弱刚性，过大的切削力容易产生加工应力，造成零件超差，后续工序难度加大。

我又研究了零件的装配和夹紧，目前基本采用最简单的螺栓压板压紧装置，工装技术水平低，与高端数控加工设备要求不相称。梁缘条属于典型的航空大型整体薄壁件，主要加工特点是工序多，材料去除量大，存在深槽铣削、大悬深铣削和侧面薄壁铣削。较大的切削力和不恰当的装夹方式及夹紧力都会引起零件的内应力增加，导致零件变形，丧失精度。

在机加车间生产现场还发现：①在数控机床上，工件的定位状态存在问题，各定位点、面接触情况较差，有大面积的工件表面脱离定位件的表面，且尾段有起翘现象；②工件在压板的夹紧下产生了极大的压紧变形（强迫压紧至定位件表面），且压紧所产生的残余应力与毛坯预弯成形后所形成的残余应力方向不一致，使得应力在缘条内无规则分布；③工件完成切削加工后，工件残余应力分布紊乱，造成了零件的弯曲变形和扭曲变形，且变形量是较大的；④后部缘条在数控机床上加工时没有制出导孔，只是点上了冲点，矫形后，手工钻制导孔，此时，发现变形量很大；⑤后部缘条在进行端头镗孔时，缺乏支撑，悬臂过长，容易引起变形；⑥加工后的缘条在工序周转过程中，无专门托架保护，容易引起变形；⑦送表面处理时，无专用夹具夹持，在温度变化情况下，又是一个变形环节。以上现象的发生，增加了大量的冷校直工作量，而且冷校直的难度相当大，有些部位是根本不能校直的，造成了后梁上下缘条出厂质量不高的后果，从而直接影响了平尾的装配质量。

调研了钣金车间的后梁缘条毛坯成形工艺：后梁缘条冷压成形在两台液压机床上进行。其中，天津锻压机械厂双动薄板拉伸液压机 YT28-630/1030 型可以实现 630～1030 千牛的压力，对型材进行冷弯成形，保压时间 50 秒。然后采用上海锻压机床厂双动薄板冲压液压机 YT28-450 型进行多次冷压，直到成形符合要求。

钣金车间在对缘条毛坯进行冷压弯曲时，给毛坯施加强大的机械外力，因为材料晶间结构没有发生质的变化，使得丰富的弯曲应力储存在毛坯之中，这些应力会在以后的所有加工工序中产生无规则的应力释放从而引起产品变形。这个影响会一直伴随产品延伸到产品的铆接装配过程中。

对缘条原材料性能进行了理化分析：大型整体薄壁结构件——梁缘条类零件族主要使用 7150 和 2024 两大类航空用铝合金材料。7150 铝合金属于 Al-Zn-Mg-Cu 系铝合金的一种，该材料经过固溶热处理后进行了时效处理。即固溶热处理后，为获取某些重要特性，在人工时效时，强度在时效曲线上越过了最高峰点，以达到规定的力学性能和抗应力腐蚀性能指标。在各类铝合金中，该牌号铝合金强度和硬度较高，属于高强度的热处理强化合金。其特点是：①硬度、强度低；②导热系数大；③弹性模量小；④线膨胀系数大；⑤熔点低，且温升后塑性很大。

由以上现象分析可知，终检站位的不稳定变形可能由以下不完全释放的残余应力引起：①进口坯料残余应力；②冷压弯产生残余应力；③低速铣削残余应力；④过程矫形残余应力；⑤表面处理工序中施加残余应力；⑥铆接过程残余应力。

确立攻关方向：鉴于以上原因，攻关组确立了以改善零件加工工艺作为主要攻关方向，具体体现在：①解决缘条毛坯在预压弯过程中的应力过大问题；②优化缘条在数控加工过程中的工艺问题；③优化装配工艺。

制定主要技术指标：①对形成终检站位控制点外形超差情况进行全方位调查、统计、分析，并找出根本原因；②根据根本原因，制定攻关计划，改进引起超差的原材料状态和工艺流程，并增加相应的工艺装备；③将终检站位控制点外形超差的 NCR 控制在 10%以内。

制定攻关行动方案：

（1）解决毛坯热压弯的工序，增加加热炉和加热模具；

（2）对缘条加工工艺流程提出再造工作，重点考虑缘条加工程序过程中的防变形问题。同时，增加控制缘条外形的检验夹具。

（3）装配车间对装配工艺进行优化。彻底消除可能由装配引起的产品不稳定因素。

攻关行动实施：钣金车间购置了用于热压弯成形工艺的加热炉；工装部门在工装设计方面的响应及时到位，设计了专用的加热弯曲模具。

攻关组用试验件分别对冷、热压弯工艺进行了对比试验，试验结果证明，在控制下的热成形工艺比冷成形能够得到回弹小得多的产品，这也证明，热成形工艺下的毛坯弯曲应力储存远远小于冷成形工艺下的毛坯弯曲应力。

机加车间缘条加工工艺流程再造，对缘条的立式加工和卧式加工进行了对比研究；把加工转速从 2400 转/分钟提升到 7500 转/分钟；

对钣金车间成形后的缘条分别放置 7 天、14 天和一个月再进行加工，比较应力影响的结果。

结果证明，在新的工艺下制造的产品质量大大提高，变形明显减少。

攻关的关键里程碑：

攻关进行了一年后，第一件用新工艺加工的缘条装配出的安定面顺利通过终检站位检验的考验，没有发生超差现象，终检站位攻关取得了决定性的突破。

又过了两个月，第一批14套用新工艺加工的缘条装配出的安定面通过终检站位检验的考验，质量稳定；

最后，公司组织了"终检站位外形超差的控制"课题阶段性评审会，专家组充分肯定了攻关组的工作，对阶段性成果进行了确认，认为攻关方向正确，攻关措施有效，攻关成果明显。

结果与思考

　　一个看似长期难以解决的问题，只要用心研究，找对思路，汇集经验，排除干扰，就有办法解决，办法总比困难多。

案例 4.2　追根寻源找钥匙
——当飞机产品装配出现问题时，该如何查找零件原因？

1. 背景

飞机装配出现问题，除了寻找装配工艺或装配操作自身有无问题外，就是检查零件制造是否有问题，这就是飞机生产中常碰到的问题。

2. 主题切入

一般情况下，由工厂主管工艺组织装配专业工艺、零件专业工艺和工装设计与制造来共同分析问题，制定检查方案，相关检验参与查找原因。工艺指示单作为查找问题的行动指令。

3. 过程

查找零件是否有问题，从以下几方面入手。

（1）零件上测量机进行测量。三坐标测量机尽管很先进，但这是最表面的办法，只能够测出最终的结果，显示的是表面现象，无法找出问题发生的根源。

（2）零件上零件检验工装进行检查。零件恢复到零件交付前的最后一道工序，到检验工装上进行外形和孔位检验，如果能够满足检验工装要求，则零件自身的变形问题排除，在此道工序中，所用的检验夹具是否有问题，也要按照设计图样和技术条件要求进行复查。

（3）零件上零件成形工装进行检查。一般情况下，能通过检验工装复查的零件，应该可以通过零件成形工装的验证，但也不尽然，如果零件从成形工装上取下后，还有打磨、切边、修形等额外工序，那么就不一定能够恢复到原成形工装上，因为在这些工序执行中，会有应力释放而改变零件的外形状态，这要针对具体情况具体分析。

（4）对零件成形工装进行检查。零件成形工装是零件成形的依据，当怀疑零件出现问题时，到零件工装上对零件进行重新贴合检查，是必然的思路，当零件符合成形工装外形时，基本上就证明零件到此为止没有出现变化，就不必再对零件本身进行分析了。可以开始下面的操作了。

（5）零件工装设计是否符合飞机设计要求和工艺技术条件要求。这一步就是寻根求源的最高级阶段了。因为零件工装设计的依据是工艺部门提供的最新有效版次的飞机设计文件和为申请工装而提出的工装技术条件，在这个技术条件中，工装设计部门会根据工艺部门的加工设备特点和工艺对产品制造偏离飞机设计图样详细的特别要求，结合相关工装设计标准和手册，进行零件工装设计。如果以上各个步骤都证明操作无误，那么就要组织工艺设计和工装设计，必要时邀请飞机设计，一同就出现的问题进行商讨，在这个过程中，各方尽可能把自己的需求讲清楚，在满足飞机产品质量安全的前提下，考虑工艺零件在装配时对飞机设计的可容忍偏离程度，其实，零件的制造偏离往往是为了满足装配需求，零件的最终目标是有效地实现在下道装配工序中稳定协调。

（6）制造零件工装的依据是否有问题。工装设计是正确的，但在工装制造时，工装的制造依据出现问题，如模线误差、样板误差、划线图误差等，都会给零件工装带来偏差。

（7）零件工装设计是否考虑经验参数。这是一个相当严重的问题。在工装设计标准中，也许有许多经验因素没有体现，例如，工装在加工零件过程中如何考虑材料的回弹参数，如何合理保留加工工序间的工艺余量，如何考虑工装基准与产品基准的一致性，夹持被加工零件的定位压紧器如何排布等，都与产品脱开工装后的现状有密切关系。

结果与思考

总之，飞机制造中查找零件与装配件之间的协调关系是一个极其复杂的技术活，稍有不慎，就会出现离题万里、不着边际的结果，这种处理问题的技巧来自于经验，在教科书上是无法学到的，只有通过大量的实践活动，才能行知合一。

案例 4.3　路线正确，才能坦途
——装配问题引起的发散与收敛

1. 背景

装配问题出现时，在分析问题时，有发散和收敛两种思路。发散是为了全面、彻底、干净地处理问题。里面有举一反三的思想。收敛是在有准确依据和丰富经验的基础上，精准施策，对症下药，快速解决问题。两者各有利弊，使用得当，事半功倍，使用不当，不是事倍功半的问题，而是耗费巨额成本，到头来无功而收。

2. 主题切入

飞机在装配过程中，在零件与零件、零件与组部件、零件与工装、组件与组件、组件与部件、组件与工装、部件与部件、部件与工装等之间，常会出现不能按照飞机设计图样上要求的配合公差装配的问题。某型机在机头与前机身进行对接时，出现了不应该出现的对接阶差，误差值超出了理论要求公差十几毫米。

问题出现后，飞机制造商极其重视，从最高层到基层，层层开会，层层分析，层层施压，为找出根本原因，命令走出去，举一反三，主动发现类似问题，从根上解决。

愿望是好的，效果呢？

3. 过程

类似 B777 飞机首架机头与前机身对接时的情况，在国内某型号机头与前机身对接时，发现对接缝处出现非强迫装配情况下的阶差。对这个飞机装配过程的常见现象，处理起来有发散性思维和收敛性思维两种方法。公司非常关注这个问题的解决，立即开会，全体动员，调兵遣将，即刻出发，现场工作，查找细节，举一反三，源头解决，采取了发散性思维。就有了由公司负责人带队的、由各专业部门主要负责人组成的团队，奔赴供应商进行为期三个月的解决问题工作。5月去西南，6月飞东北，7月到西北，8月在泉城。团队制定了工作原则、工作职责、工作流程、工作方法与工具，根据不同供应商，安排了不同的工作内容，在每个供应商处都有工作输出。最后整理出制造问题清理汇总。

对这个问题还有收敛性处理办法。在问题出现的第一时间，我就赶到该部段的装配对接现场，向工人问了两个问题，一是，操作者在进行两段对接时的铆接顺序是什么样的？二是，AO 是怎么描述铆接顺序的？工人看我这样问，很诚实地告诉我，一是 AO 没有明确规定铆接顺序，二是铆接顺序是沿着机身截面 360°单方面铆接。好了，问题就出现在这里，我告诉工人，就像安装汽车轮子时，对角紧固螺栓一样，米字形对称铆接就好了，因为机身对接处是留铆的可变部位，沿一个方向赶着铆接，一定会出现材料向一点变化和堆积问题，米字对称铆接，把变形的可能性分散在 360°上的各个点处，就不会出现向一点偏差的问题。

后来的措施确实是采用这种方法，问题不再发生。

🔍 结果与思考

由此案例可以看出，有时候，一种收敛性思维，可以为企业节约巨额的成本。

案例 4.4　你敢踏在眼珠子上干活吗？
——像保护眼睛一样保护好飞机产品

1. 背景

飞机制造是一个比较复杂、漫长的过程，零组部件往往要经历千山万水般的路程才可以到总装，源头见到母体，十分不易，在零件本身加工过程中，对产品的保护相对简单，而进入飞机装配阶段，由于各种复杂因素影响，产品保护变得十分困难，而对待困难，放弃与克服，往往决定了一个产品的最终质量。

2. 主题切入

中国进入工业化时期的大环境还是以农业为主，工业化的产品保护意识还十分淡弱，飞机制造业在这样的基础上起步。随着中国飞机进入批量生产时代，人们对飞机的外观美化有了进一步的认识，军机制造也开始重视产品的外观保护了。特别是 20 世纪 80 年代开始转包生产国外飞机零部件后，产品保护的意识有了突飞猛进的变化。

3. 过程

20 世纪 90 年代初，我管理波音项目的转包生产时，看到一篇波音通讯，主题是：波音员工爱护波音产品就像爱护自己的眼珠子一样。该文章通篇告诉波音员工，在波音飞机生产的全过程中，要时时处处注意保护飞机产品。这个理念不但适用于波音，也适用于全世界的飞机制造商，包括中国飞机制造者。而这个理念在中国的飞机制造过程中，经历了十数年终于受到重视，这里有一个小故事，请听我慢慢道来。

我一生经历过几十个型号飞机的制造，特别是对波音和空客转包生产项目的管理，对产品保护有着很强的重视意识。

某工厂正在生产着具有中国自己知识产权的一款新型客机，我来到总装车间，宽大的厂房里，彩色的地面，明亮洁净的玻璃幕墙，巨型标语从房顶瀑布似地垂到地面，十分现代化，有两架对接完成的飞机位于总装站位，还有一架飞机正在全机对接中。

猛然抬头，一个令我看上去不舒服的场景映入我的眼帘，在飞机总装的最后站位，几个毫无保护措施的操作工人，懒懒散散地站在一架已经涂完面漆的一侧机翼上，慢条斯理地在干活，这种机翼是一种超临界机翼，特别单薄，几个人踩在上面，真有点不堪重负的感觉。我立刻意识到这是对产品的伤害。我问道："工人直接站在机翼上干活，合适吗？"正在干活的工人看看我，好像我提了一个很奇怪的问题，回答道："我师傅和我师傅的师傅就是教我这样干活的，很正常呀。"我强调了产品保护的问题，工人并没有直接回答我，只是告诉我，因为没有工作平台，只能站在机翼上工作，并一再强调，几十年来修飞机，都是站在机翼上操作的。哦，明白了，原因找到了，飞机维修和飞机新制的工作环境是不一样的。

飞机产品保护分为零件加工过程中的周转保护、组件装配过程和装配后的储存保护及周转运输保护、部件运输保护、飞机整机装配保护、飞机涂漆保护、飞机成品保护等。

结果与思考

　　如果你去买一辆汽车，车子表面被划得一道一道，你肯定不会喜提这辆车，会要求换一辆，飞机何尝不是如此？

案例 4.5　合适的机器人还没有出生
——机械手代替人工铆接？

1. 背景

当提到飞机自动装配时，很多人会问：能否用机械手代替人工铆接？这里我用几十年来的工作经验来说明这个问题。

2. 主题切入

当世界上出现机械手时，我就一直在关注着机械手能否用于飞机铆接。经过几十年的跟踪，我没有发现任何一款机械手可以在飞机铆接上应用，机械手在相对非刚性的飞机机体上发挥不出它的优势。

3. 过程

拿 B777 为例，在 21 世纪初，波音立了一个课题，花费五百多万美元，研究把机械手用在 B777 的机体对接中，经过大量的试验，证实机械手无法保证铆接协调准确度，结果，在 2018 年，波音公司公开宣布终止了这个全世界航空制造业都在瞩目的课题研究，几百万美元打了水漂。

A 公司成立后，有好多个国内外机械手制造企业到 A 公司介绍自己的产品，并且邀请 A 公司的技术人员到他们的企业参观和考察，我也参加过这些考察，每次考察，我都仔细了解机械手的精度和重复精度，每一次都没有令我满意的产品出现，久而久之，我也就不再关心机械手代替铆接了。

机器人还不能用于大型飞机的铆接，主要是因为机器人目前的活动关节精度还没有达到飞机铆接所需的精度要求。特别是飞机大部件属于可变可柔的铆接目标，相对基准远远大于固定基准，加上飞机的不确定协调因素在里面，机器人无法发挥其有效作用。

结果与思考

> 时代在进步，科技在发展，每年都有无数的新鲜事物出现，在飞机成为国家发展的重器时，大量新产品想进入，但是，作为飞机制造产业，必须清楚地知道自己的特点和规律，不要随意受诱导，集中精力安全、可靠、高质量地制造国产大飞机才是正道。

案例 4.6 数字在实物面前无可奈何
——为什么按照同一套工程数模制造出的三个同一产品定位器互不协调？

1. 背景

飞机起落架是支持飞机起飞和降落的重要部件，它在飞机机体上的安装工艺极其关键，但如果你听说，某型号飞机主起落架的安装接头是用榔头使劲砸到相应位置时，你是否感到不解？我确实遇到过这种情况。

2. 主题切入

作为攻关课题评审专家，我来到一家大型飞机制造企业，在课题评审结束时，该企业工程师知道我在装配协调方面有丰富的经验，就邀请我到他们车间的生产现场，对某型号飞机的起落架安装接头在装配时出现的不协调问题进行会诊。

3. 过程

我在现场了解到，位于飞机机翼上的左右主起落架，其安装接头分别装在左右机翼后梁腹板上面。

后梁由远离机身方向上的内、中、外三段组成，主起接头安装在后梁内段。

接头在形成翼盒的过程中装配，安装顺序为接头首先与内段后梁在内段后梁型架上连接，这个装配过程对于接头和内段后梁来说，都不会有大问题，因为内段后梁和接头都是分别单独定位后进行初级连接的，尽管主起接头在这个型架上由两个定位销棒定位，但因为是第一次装配，任何零组件状态的加工偏差与工装上的定位孔偏差，在这个连接过程中，都会被试装和返修消除。

受考验的是下一道工序，即后梁的组合连接，也就是带主起接头的后梁内段与中外段连成一体。在这个工序中，已经在前面一道工序中把接头装配上去后连接为一刚性体的内段后梁，在此处的型架上定位接头时，出现麻烦了，在前面装配好并且通过检验的内段，在这道工序中，根本无法在该型架的相同理论位置上定位，也就是说，定位销无法顺利插进去。再把内段恢复到前一道工序，照样可以装上，难道是第二道工序的型架定位器有问题？我把工装证明书和检验报告拿过来，和第一道工序型架相比，数据都符合工装设计理论值，也符合飞机设计理论值，就是两者不协调。结果，操作者硬是用榔头把接头的定位销砸了进去，也不知道内段后梁在型架上被别得多么"别扭"，得有多大应力呀。

后梁组装勉勉强强完成，来到第三道与接头装配有关的工序，翼盒装配。在这道工序上，定位整个后梁的基准还是主起接头，再次发生第二道工序装配时的问题，接头定位的两个定位销无法顺利插进去，继续用榔头砸，进去了，应力再次施加到机翼翼盒上，会造成机翼疲劳，后果严重。

我询问道，这三个位置工装上的接头定位孔分别是按照什么做出来的，相关人员回答，按照飞机的工程数模分别用数控加工的方法制造出来，然后，用激光跟踪仪现场装配的。

问题原因找到了，按照独立基准原则加工的三个位置，虽然都是通过合格检查的，但没有经过相互协调检查，就凭想象地以为不会出问题了，这就是数字量传递带来的问题。

那如何解决这个问题？很简单，做一套实体协调工具，对三个站位的同一定位要素进行同一协调安装，此问题就迎刃而解。

結果與思考

其实，这个地方原来是设计了协调标准工装的，只因该标准工装被废弃了，才出现了这种后果。

案例 4.7　鲁班也无可奈何
——这个 APU 舱门就是不愿意和门口协调贴合

1. 背景

飞机机体表面，有许多活动面部件，各种舱门就是活动面。APU 舱门更是常开常关的活动面。按照要求，飞机各种舱门与门框对合处都应该严丝合缝，但这里讲到的 APU 舱门就是不听话，不但不贴合，而且，随着总装的进行，它变得越来越不贴合，这句话有些拗口，听我下面详细解释。

2. 主题切入

我进入大飞机研制公司，对当时正在研制批量生产的某型号新机的装配进行了深入的调查，发现这架飞机的 APU 舱门在总装期间经常出现配合不协调问题。随着总装站位的向后移动，舱门的开合情况在往误差更严重的方向变化，架架飞机都是如此。

3. 过程

一开始，大家都认为，这是舱门没有做好，一个劲地在舱门的制造上下功夫，舱门是供应商制造的，一张张质量通知单发给供应商，有些通知单供应商回答了，有些通知单供应商干脆不理，到了最后，大家被折腾得心力交瘁，就拖下来了。还好，前几架飞机是研制试飞机，这个舱门凑合着用。但是，到了交给客户飞机的时候，客户看到这种现象就不干了，不接收飞机了，问题就大了。

我接手型号总工艺师时，不能让这种情况再继续下去了，必须从根儿上彻底解决这个问题。

来到供应商生产现场，我不光盯着舱门找原因，也查找与舱门配合的门框是否有问题。

我先与供应商制造技术负责人聊天，了解在舱门和门框制造过程中有没有难以解决的问题。供应商负责人告诉我，门框由四根单独的不锈钢型材组成，型材在钣金车间成形后，运到装配车间，一直在变形，总是不稳定。这就说明，不光是门有问题，门框也有问题，并且是很大的问题，型材一直不稳定，可以知道其内部应力没有得到充分的释放，那么到了装配以后，应力情况更复杂了，随飞机部段不同，应力会一直在变化中，上面所说，APU舱门在总装站位越变越厉害，很有可能就是门框在作祟。

再来看看APU舱门的装配情况。从现场了解到，舱门的装配工装也是按照数字量传递制造的，舱门装配后，要上一个非常简单的检验夹具进行检验，而检验夹具是按照数字量独立制造的，舱门的装配夹具、门框的装配夹具、舱门的检验夹具，三者之间没有任何协调见面关系，尽管舱门要在供应商交付尾段前进行预安装，但每架份预安装都存在着局部锉修的过程，当时在供应商交付现场对付装上了，到了主制造商的总装现场就会出现接连不断的配合问题。

为了解决这个问题，我在现场决策了两个方案，一是让设计更改门框材料和结构，尽量减少制造过程中的应力变形；二是门和门框之间要进行协调制造，做相关的协调工具，保证舱门在尾段安装时，不再进行锉修。

结果，一切顺利，问题解决。

结果与思考

这又是一个数字量传递带来的问题，对于易变形的结构组件，实物协调比数据协调更可靠。

案例4.8　貌似真理多走一步？
——理想化的"电子标工"与实际相差100倍

1. 背景

某型号飞机在进行工艺方案规划时，采用了"电子标工"来协调机身段对合面的装配关系，其结果是，从该机的第一架装配开始，这个"电子标工"的效果就很不理想。

2. 主题切入

电子标工一词，由于名字起得牵强附会，在飞机制造中昙花一现，现在已经成为写进历史中的一个术语。

其实，电子标工的出发点还是好的，采用数字化的理念，以虚拟的、理想化的数字集成，代替冰凉的实物标准工装，这可以节约实体标工的制造成本，并获得数字化成果。

3. 过程

在策划某款飞机机身部段对接的工艺方案时，工艺团队期望通过建立数学模型的方式，按照互换协调的原理，进行容差分配，形成可以取代实物标工的"电子标工"，既可以省去实物标工，也可以快速提交给相关部段生产的供应商去生产协调工具。在这样的思想指导下，"电子标工"产生了。

标准工装一般分三类：一是平面样板，用来协调飞机结构中的平面或截面尺寸；二是表面标准样件，用于协调飞机理论外形面；三是量规或交点样件，用于飞机结构连接交点的协调，通常为孔和装配基准面的协调。

那么，就电子标工来看，如果只是协调理论外形是没有问题的，因为它直接搬用了飞机设计的理论外形。但是，如果它去协调空间上的一些孔和物理点，就会出现理论与实际的远距离差别。例如，在实物上，孔是由圆柱面来定义的，而数学模型上，孔的位置只是由一个法向点来定义的，面与点的协调可靠性应该是面更可靠，注意，这里说的是可靠性，而不是精度，因为在协调技术里，用准确度来代表可靠性，要比精度更有效。

那么，来看看上面电子标工的最终应用结果。在给供应商的电子标工中，只是在飞机理论数模上增加了理想化的容差分配，并没有考虑飞机部段的留铆因素、变形因素、孔的形位公差因素等，使得飞机参与对接部段间的实际偏差达到电子标工规定容差的 100 倍，100 倍是什么概念？例如，规定公差为 0.05mm，实际偏差 5mm。

结果与思考

一个不符合实际的应用，毁掉了一个创新的概念，在后来的飞机装配协调中，人们已经有意识地回避"电子标工"这个名词，但是这个名词，影响了一代飞机制造工艺的成长，真正的合适协调工具则被淡化了。

案例 4.9　内敛好过内卷
——把困难推给别人，把方便留给自己的后果

1. 背景

作为一个主制造商，应该担当起主制造商的责任，不能让"谁家的孩子谁抱"，你的孩子让别人养，你又不去告诉人家如何养，就别指望你的孩子能成龙成凤，能活下来就算不错了。飞机制造也是如此，不去主动解决困难，只想把方便留给

自己，带来的后果就是，一时偷懒留下的"后遗症"，会给你造成很难忍受的千万个麻烦。

2. 主题切入

以上的一段话，是直到现在许多人都转不过来弯的一个理念。

如果是波音公司，或者是空客公司，大概率不会让供应商干技术最复杂、最核心、难度最大的活，自己却只干些简单省事的活，它们不会指望依靠供应商的主观能动性来保障自己飞机的质量和安全。作为一个主制造商，如果能够指导供应商做高成本、低效能的工作，自己只做低成本、高效能、高复杂性的工作，那么，主制造商的威信就会树立起来。

3. 过程

对于主制造商来说，如果只想让供应商把最难制造的工作量拿去，自己则只干最简单的工作。这就是主制造商的弱势之处。

作为一个弱势主制造商，可以利用供应商的技术和产能来为自己生产产品，但供应商制造的产品质量永远由主制造商负责，当发现供应商提供的产品有问题时，不只是像甩手掌柜似的，给供应商发一张"质量问题通知单"那么简单，而是要在第一时间内出发，深入供应商制造现场，去发现问题、分析原因、解决难题，并且要举一反三，总结经验，汲取教训，同时提高自己的业务水平，丰富经验。

这样的处理问题方法要系统地去做，要成体系地完善自己的能力。

在处理供应商的问题时，要始终保持"供应商的问题就是自己的问题"的思想，不要推诿扯皮，要敢于担当，在担当中锻炼自己，使自己成熟。

推诿扯皮的后果就是，如果供应商交付的产品有问题，往往会在主制造商装配时反映出来，一旦在装配时才发现问题，要想把产品返回供应商处处理，就会带来巨大的成本费用。如果在主制造商处返修产品，就很难有供应商的生产环境和条件，就会给产品的质量带来更多的麻烦。

这些问题在飞机进入批量生产后会严重制约生产速率，不从根上处理，就会给交付用户进行运营的飞机安全和维护带来不可估量的隐患。

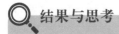 结果与思考

> 把困难推给别人，把方便留给自己，其结果是，更大的困难在等着自己。

案例 4.10 术业有专攻

——谁才是解决互换协调问题的合适责任者?

1. 背景

对于飞机制造来说,源头是百泉之基,无论是主制造商自己生产的产品,还是供应商提供给自己的产品,谁才是解决互换协调问题的合适责任者?目前情况下,必须解释清楚,讲清楚了,对技术层面和管理层面都是有启发作用的。

2. 主题切入

本来,在飞机设计和制造过程中,如何规划和处理互换协调问题是回避不了的,这是飞机的核心技术。

设计负责规划,并且在技术文件里对设计分离面设计出应有的互换协调项目,也会在理论环境下给出合理的名义公差。

而制造工艺则根据设计确定的互换协调项目,加上工艺分离面上的协调内容,进行互换协调的二次设计和策划。制造工艺还必须负责在制造过程中,零部件方面出现的不协调问题,直至达到互换协调要求。

3. 过程

以上的分工本来是大家已经习惯的事情,但是,近些年来,这个习惯有些被打破,该制造工艺处理的制造问题,却交由设计牵头处理,制造工艺被放在次要位置。而本来该飞机设计策划的协调基准等工作,设计不做,也没有人去做,往往一句"制造符合性"掩盖了漫天问题。

例如,飞机机身上的所有门,出现了装配不协调问题,从飞机设计上看,各种尺寸都是协调的,在这种情况下,应该认真从制造工艺角度来查查是否有不合适的地方,毕竟在客机方面的制造经验还不丰富。

但是,现实是指令飞机设计牵头,限期解决问题。

按照指令,副总设计师牵头的攻关团队成立,深入工厂,试图去发现设计问题,修改设计参数,试图通过大量试验验证设计的正确性。结果,几年很快过去,门依然是不协调,设计最后也感觉用尽了劲,无收获。

后来,有人建议,让我牵头解决全机活动面的不协调和不互换问题。

我带领工艺团队,这次让飞机设计进入配合角色,分别由制造工艺牵头制定了二十多个装配协调方案,从制造工艺上想办法,而不是只由设计改尺寸。

一个个问题,在工艺团队的努力下得到解决。

最终，2022 年春节到来之时，企业最高行政负责人对我签发嘉奖令，对以上的努力结果进行了表彰。

🔍 **结果与思考**

飞机设计和制造，各有分工，不可替代，否则会耽误飞机制造的大事。

案例 4.11　顽疾难治总得治
——撤保留，管理出问题的突出表现

1. 背景

供应商交付飞机产品时，由于综合原因，会产生一种"撤保留"的现象，这实际上是一个管理问题，却带来了许多其他技术问题。本案例给出了各种"撤保留"产生的原因，改善方法也可以在本案例里看到。

2. 主题切入

什么是"撤保留"？撤保留是指飞机在供应商那里生产时，因主制造商不能按时提供软硬件支持或供应商存在的一些问题，而一些工作量无法在供应商那里完成，在取得主制造商的批准（一种无奈性的批准）后，把这些工作量保留下来，先交付带保留项目的工作包产品，到主制造商处，再根据软硬件的完善情况，由供应商派人到主制造商处补充完成保留的工作量。这是主制造商和供应商之间的一种无奈之举，所有撤保留的成本，包括人力资源成本，都由主制造商来承担，这会给飞机制造额外增加成本，这是管理与技术因素综合产生的现象。

3. 过程

撤保留有以下几种原因和现象。

一是飞机设计或工艺文件发放滞后造成的撤保留。飞机设计文件的发放是一个非常慎重的事情，其审批流程十分漫长，要经过多达几十道审批程序，如果说平均一道程序走一天，那么，走完整个流程就得需要一个半月，事情往往不会这么顺利，返工和耽误是常有的情况，所以，常说设计一次大小更改或者新设计发图，不算设计人员的工作时长，光审批流程就需要三个月到半年时间，工艺规范时间更久，这就会让供应商无法按计划全部完成工作包制造，必定要留下无依据制造的工作量，这就成为撤保留。

二是主制造商负责提供的零组件、标准件、成品件不能按时到位造成的撤保留。由于制造专业限制，采购批量和采购渠道限制，不是所有的零组件、标准件、成品件都可以由供应商自主得到，而需要主制造商负责分架次提供给供应商，用于供应商在装配时安装，这些件称为提前装机件。主制造商在对以上提前装机件进行提供时，也存在着保证自己装配需要为第一位的现象，给供应商提供不及时，运输周期长，错件、混件等时常发生，造成供应商无所适从，也影响供应商按时完整地交付工作包，出于无奈，由驻供应商代表处认可保留工作量，形成"撤保留"。

三是现场问题处理不及时造成的撤保留。现场有设计问题，也有涉及厂际之间的协调问题，这类问题必须由主制造商牵头处理，如果处理不及时，也会形成"撤保留"现象。

四是管理决策造成的撤保留。在供应商按照计划还在装配工作包，还有工作量没有完成情况下，主制造商根据自己的需要，要求供应商提前交付零部件，造成"撤保留"现象。

五是供应商内部原因造成的撤保留。尽管在外部条件都不缺的情况下，供应商也有不能按期完成交付的内部原因，例如，零件制造周期问题，采购件到货时间问题，在不影响飞机后续工序正常装配时，可以保留一些工作量，在主制造商处进行安装。

六是不定因素（如客户的构型要求）造成的撤保留。飞机有构型问题，不同的用户对交付的飞机会有各自的特殊要求，在飞机整机交付前，用户也可能改变原型机构型，提出临时性的新要求，这种情况下，对于在研制批划分的工作包内容，有些要在飞机交付前才去做，所以，批量生产时，来不及更改的工作包里的相关内容被保留下来。

结果与思考

撤保留，在飞机制造中是一种常见现象，不但中国有，波音和空客也存在，这有方方面面的原因，主要是管理问题，应制定相应的预期方案，以应付复杂的撤保留局面。

案例 4.12 八仙过海，各显神通
——飞机大部件运输的方方面面

1. 背景

纵观世界上现代大型飞机的生产组织，无一不采用主制造商和供应商的模式，

波音如此,空客如此,庞巴迪如此,中国国内亦如此。这种模式的主要特点是在不同的供应商处按照主制造商的要求生产出不同交付状态的大部件,然后将大部件通过各种方式运输到主制造商指定的地点进行飞机总装对接。因此,大部件的跨地域长途运输技术应运而生。

本案例对世界上各大飞机制造厂采用的不同运输方法和工具技术进行综合论述,从中找出一定的规律,为发展中国的大部件运输技术提供参考。

2. 主题切入

飞机大部件运输方式的选择是由很多因素决定的。

(1)大部件生产所在地的地理条件和交通条件决定了部件起点运输的方法。

生产大部件的工厂所在地地理条件各不相同,有的在山区,有的在平原,有的靠机场,有的临码头,有的通铁路,有的近高速,起点运输方法往往因地理环境而必须做出不同的选择。往往要设计专用运输拖车,通过起吊方式把大部件从装配工作坞装到拖车上,通过拖车转移到车站、码头或机场跑道。然后,不同的交通工具运载大部件向目的地进发。

(2)出发点到目的地间的距离和交通环境。

从生产大部件的工厂所在地到部件被指定的目的地间的距离有近有远,目的地有国内,有国外,甚至需要跨洋运输,例如,B737尾翼从中国运到美国西雅图,A320系列部件从欧洲运输到中国天津等,不但要经过长途海洋运输,由于交通环境的限制,还要经过相当距离的陆地运输等。

(3)飞机部件的外形条件和交通运输限制。

无论是陆路运输,还是海洋运输,甚至是空中运输,都有行业通用的包装尺寸要求,即标准的集装箱是大家可以接受的运输介质,而飞机部件由于其外形特殊,尺寸往往超越了集装箱的尺寸限制,所以,对于运输途径和运输工具的条件都提出了更特殊的要求,有一维尺寸超限的,有二维尺寸超限的,有三维尺寸超限的,特别是三维尺寸超限的,对各类运输规则都提出了特别的挑战。

(4)合适运输工具获得的便利性和采购周期。

供应商尽管具备飞机部件的生产能力,但是对于生产后的大部件采用什么运输工具,却是往往不可轻易获得的,具备铁路专线的不一定具备专用运输车,临近高速公路的不一定有合适的专业运输拖车,有飞机跑道的不一定有"大白鲸"(即A300-600ST超级运输机)这样的巨型运输机等。即便有配备以上运输工具的想法,但市场上往往无现货可供,都是需要专门定制、专业设计、特殊制造的。这样,对于研制期的飞机来说,运输工具的采购周期往往跟不上飞机的研制周期,但提前策划则是对方方面面提出的要求。

（5）安全性和保护性等。

飞机部件一般封闭性差，刚性不强，结构复杂，精度和准确度高，价格昂贵，构型特殊，需求和配套计划性强，所以在运输中对其安全性有很高的要求，这就要求运输工具具有很好的抗震性，很高的运动精度，很好的机动性和良好的信息显示和反馈系统等。

3. 过程

鉴于上述条件，飞机大部件运输采用的方式有以下多种。

1）陆路运输

陆路运输分公路运输和铁路运输两种。

公路运输又分集装箱标准运输、专用包装箱运输、专用车辆运输。

集装箱标准运输是利用标准集装箱来装运大部件运输，与运输一般货物无特别差别。专用包装箱是指部件外形超出标准集装箱尺寸，无法利用标准集装箱运输而要设计专门的包装箱，该包装箱由生产大部件的供应商设计，经主制造商批准，一般由供应商自己制造，用于包装和发运大部件，如 B737 垂尾安定面包装箱、水平安定面包装箱等，外观是模仿尾翼外形放大的不规则形状，该包装箱一般是一次性使用，不再从目的地返回，所以尽量使用可消耗、可分解、环保无污染和防病虫害的材料。专用车辆运输是指利用全挂或半挂拖车底盘，为大部件运输专门设计的运输车辆，例如，A320 系列的机翼翼盒运输车，又称蝴蝶拖车。该拖车是由美国一家公司研制的专业运输机翼的车辆，该蝴蝶拖车内部有机翼定位装置、侧板翻转结构、防震减震装置、加速度控制系统、过载记录仪、设置传感器和防误操作装置、声光报警系统、自动操作系统、信号输出系统、卫星定位系统等。近年来，为了中国大飞机机翼运输需要，国内某企业也自主研发了长 20 米、宽 3 米、高 4.5 米、整车装载后总重量达 36 吨的蝴蝶拖车，并成功地将机翼从供应商处运输到主制造商处。除机翼外，还有机身段运输车和航空发动机专用运输车等。

铁路运输是指大部件通过火车运输而到达目的地。一般来说，火车运输必须设计专业的运输车辆，并且指定专门的运输轨道，例如，B737 机身在美国中部城市威奇塔组装完成，要通过铁路运输到西雅图，超长的车身大于标准车厢的长度，因此，设计专业运输车辆定位运输。在 20 世纪 90 年代，为了运输干线飞机的机翼，西飞公司专门从株洲车辆厂定制了一节机翼专用运输车，顺利实现了机翼向上海的运输。

2）水路运输（江河运输、海运、集装箱、专用包装）

水路运输是利用水上运输工具，如集装箱船、滚装船、专用运输船等来实现飞机大部件的长途运输或越洋运输。

A380 的主要部件分别在英国布劳顿、德国汉堡和法国圣纳泽尔的工厂生产，部件的运输就是一个难题，由于 A380 部件过于庞大，"大白鲸"也无能为力，为此，空客提出了使用巨型滚装船的设想，中国南京的金陵船厂拿下了这艘命名为"波尔多城号"巨型滚装船的制造任务。这艘巨型滚装船上专门建造了一个高 11 米、宽 21 米、长 120 米的巨大的货运空间，承载 A380 大型部件的海运任务，配合陆路运输，将部件运往法国图卢兹进行总装。这艘 5200 吨级的滚装船，总长 154.15 米，型宽 24 米，甲板型深 21.85 米。货物甲板面积 6720 平方米，车道长度为 1805 米。船尾部的水密舷门设计尺寸达 22 米，在滚装船中是最大的。

另外，天津 A320 飞机总装线上所用的大部件也是通过海上运输从德国汉堡运到天津。

还有，上面提到的蝴蝶拖车并不能越洋行驶，也是装在滚装船上运输到目的地港口，然后下船，再开到厂里去。

3）空中运输（空客的"大白鲸"、Super Guppy、波音的 Dreamlifter），尺寸限制

飞机大部件的空中运输堪称运输技术上的杰作。世界上空中运输的巨型飞机有好几种，例如早期在空客大家庭的几个国家间运输飞机部件的 Super Guppy，后来空客的 A300-600ST（Beluga，大白鲸）、波音的 Dreamlifter、美国国家航空航天局（National Aeronautics and Space Administration，NASA）的 Pregnant Guppy（超级泡泡鱼）、苏联的 AN-225 等。下面分别介绍这几种型号的特种巨型飞机。

（1）美国 NASA 的 Pregnant Guppy（超级泡泡鱼）。

20 世纪 60 年代，美国 NASA 的阿波罗计划需要将超大的土星 5 号火箭箭体运到在佛罗里达的卡纳维拉尔角发射场，前美国空军战略轰炸机飞行员 Jack Conroy 用剩余物资的波音 377"同温层巡航者"螺旋桨飞机，将机舱的上半部像吹气一样地大大扩大，用于装载重达 20 吨的超大件。由于该飞机很像热带的泡泡鱼，所以人们戏称它为 Pregnant Guppy（泡泡鱼）。

（2）美国波音的梦想运输者 Dreamlifter。

B747 的宽体型号称为 B747LCF（Large Cargo Freighter），正式官方命名 B747 梦想运输者（Boeing 747 Dreamlifter），LCF 的意思即超大型货运机型，主要是波音考虑到将 B787 组件从全球合作伙伴的工厂运往华盛顿州埃弗里特的 B787 总装厂，在 2003 年 10 月发起该项目，利用 747-400 客机进行改装，在外形上，类似空客"大白鲸"，有着"大鹅头"。机身有大的隆起部分，使货舱空间增大，适合运载大部件，波音已购买 3 架 747-400 进行改装，由美国常青国际航空（Evergreen International Airlines，EIA）运营这三架 747LCF。首架 747LCF 在 2006 年年中改装完成。

（3）空客早期的 Super Guppy。

空客的协议分工既有保护本国工业和工作机会的意思，也是出于按专长分工。空客的主要大部件在各个成员公司制造，包括完整的机身段、机翼和尾翼，所有部段内部的管线和设备都已经模块化装好，最后运到法国南方的图卢兹空客总装中心或德国汉堡总装中心进行总装，总装工作量只占总制造工作量的 4%。这一工作方式带来两个极大的挑战，一是质量控制，二是大部件的运输。质量控制可以通过内部的标准和规程来保证，但如此硕大的大部件无法通过铁路运输，公路运输太慢，而且对公众交通的影响太大，海运更慢。"泡泡鱼"在 1969 年巴黎航展露面，引起舆论。空客惊喜地看到这其貌不扬的"泡泡鱼"十分适合 A300 超大部件的运输问题，开始和 Jack Conroy 接洽，Jack Conroy 根据 A300 部件外形的实际情况，改变思路，为空客用退役的 KC-97 改装了更大的"泡泡鱼"。之后，空客买下了生产许可，自己又改装了两架"泡泡鱼"，名字叫 Super Guppy。这四架 Super Guppy 开始了在空客的繁忙生涯。每架 A300 需要 Super Guppy 飞 8 个航次，总计 45 小时，13000 千米，从欧洲各地把部件运到图卢兹或汉堡，这也是"每一架空客都孕育于波音"的调侃的开始。我 1991 年在空客工作期间，曾受邀登上 Super Guppy 进行过实地考察，见到机头向飞机顺航向左侧打开时，只有一个直径约 30mm 的转轴为铰链时，确实为 Super Guppy 飞机的大胆设计感叹不已。

（4）空客现役的 Beluga （大白鲸）。

到 1996 年，面对越来越繁忙的空客生产计划，Super Guppy 已经不堪重负，空客用 A300-600 改装了新一代的 Super Guppy，改名为更儒雅的 Beluga （大白鲸）。4 架 Super Guppy 中，3 架进入博物馆，4 号机回到 NASA 老家，继续为国际空间站计划运送超大部件。

"大白鲸"超级运输机（A300-600ST）是空客公司为运输大体积部件专门设计的货机，该机由 A300-600 客机改装而成，于 1992 年首飞。空客 5 架"大白鲸"组成的机队主要负责将各地制造的飞机部件运输到图卢兹或汉堡进行总装。"大白鲸"超级运输机的使用从根本上使空客改变了"每一架空客都孕育于波音"的尴尬，空客真正拥有了自己型号衍生出的大型部段运输机。

（5）苏联的 AN-225。

AN-225 是苏联安东诺夫设计局研制的超大型军用运输机，该机起飞重量640 吨，是截至 2015 年全世界载重量最大的运输机，是翼展第二宽的飞行器，其翼展宽度仅次于美国休斯力士运输机。AN-225 仅存一架，后属乌克兰所拥有。该机是苏联时代开发作为苏联太空计划的为"暴风雪"号航天飞机运输用途研制，迄今仅实际制造过一架，也就是机身编号 UR-82060 的一号机，该机在 1988 年 12 月21 日首度试飞。

AN-225 运输机可以运送超大型货物，机舱的载重量可达到 250 吨，机身顶部的载重量可达到 200 吨，货舱内可装 16 个集装箱，大型航空航天器部件和轨道车辆，或天然气、石油、采矿、能源等行业的大型成套设备和部件，不用改装就可以运输飞机大部件。可惜，在写这本书时，该飞机已经毁于战火。

4）联合运输

其实，从世界上供应商运输大部件到主制造商的方式和使用的工具来看，往往都不是采用单一的模式，而是采取各种手段相结合的办法。有陆路加水路的，有空中加地面的，但是，无论何种模式，目的只有一个，那就是安全、方便、有效、经济，并且尽量不给公共交通带来麻烦。

🔍 结果与思考

中国国土面积宽阔，飞机制造企业分布在祖国的东西南北，未来大型飞机的制造模式必定是主制造商和供应商的模式，随着飞机产品市场的不断扩大，飞机批量的不断提升，国际合作的不断发展，公共交通的日益繁忙，大部件运输技术是我国未来飞机制造业必然要综合解决的问题，在技术层面和经济层面都不成问题的情况下，战略决策迫使行业领军者尽早下决心，在中国的天空中看到中国的大部件巨型运输机。

案例 4.13 改掉形成的习惯是痛苦的
——批量生产了，还在手工划线制孔？

1. 背景

在飞机研制批，由于飞机构型还没有完全冻结，设计更改频繁，许多该到位的工装工具还不能按期到位，所以，飞机装配时，大量的手工划线定位就不显得奇怪。而到批量生产，再出现手工划线制孔装配，就说不过去了。如何解决这个问题，也是一个很好的案例分析。

2. 主题切入

2021 年，某型号飞机已经进入批量生产好几年了，还存在大量的手工划线确定安装孔的位置现象，生产目标是年底手工划线制孔的数量要低于全机孔总数的 5%，这对于习惯于手工划线的操作者，对于不方便利用钻模板的边边角角，以及对于多部件对接部位来说，确实是个挑战。

3. 过程

各部段增加钻模板的情况。

机翼上，整流罩部分安装孔的钻制可考虑使用可调节形式的钻模板，如有必要可建议飞机设计增加该处的公差补偿。

机身对接部分区域零件，由于外形为非平面结构，无法制导孔或无法使用平板钻模板，可将树脂钻模板应用到钻孔样板中。

对接区域受供应商质量影响，机身专业增加对供应商的质量要求或协调要求，强化供应商之间的协调要求和控制。对接区条带部分孔可考虑可调节形式的钻模板，如有必要可建议设计增加补偿。

机械系统的安装，针对电搭接孔分散，在设计稳定的基础上，可把第一步的制孔工序前移。后续设计优化将制孔工作转移到零件上。

后储藏室支架安装问题，可以改变装配思路，先将框架在地面进行组装，整体装机，再在机上安装内饰板。

电子电气，建议采用配钻方式，减少孔数量。

平尾，建议待平尾上系统支架设计稳定后，推动设计在结构上制孔。同时，也推动使用工艺数模制孔。

结果与思考

减少手工划线制孔，要从全机层面自上而下考虑，任一零件层面的预制孔都与飞机最后装配有关，自研制批开始，统筹规划，全面布局是解决手工划线问题的基础。

案例 4.14 各唱各的调，各吹各的号，必定会乱了套
——这样的应急门和门框怎么能协调起来？

1. 背景

某型机的应急门，在进入飞机总装时，出现了严重不协调问题，门与门框不能均匀贴合，表现特征是飞机在气密试验时门缝严重漏气。

2. 主题切入

不知道当时分工时主制造商是如何考虑的，把应急门放在供应商那里制造，把门框的散件也在供应商处制造，却不在供应商处组装，交到主制造商去组装，也就是说，门和门框分别装配，装配过程不见面，两个厂各自按照尺寸制造，没有策划任何协调两者的有关协调工具，这样很难保证互换协调。

3. 过程

我在现场看了应急门的装配过程，发现供应商在装配应急门时的定位和控制点均没有保障门外形协调的关键要素，并且装配出来后，也没有一台保障质量的检验夹具对其进行交付前的检验，基本上是放任自流，拿到主制造商厂后，也没有验收工装，就这样装在飞机上，能协调吗？我当时就提出来要对这个工艺流程重新设计，但得不到响应，主制造商认为，门是供应商造，门框零件也是供应商造，不协调的责任应该是供应商的，应该由供应商来解决，而供应商则认为，整个工艺方案是由主制造商确定的，供应商不过是按照主制造商规定的工作包来生产和交付的，最后装配又不是供应商来做的，所以，供应商没有责任。

我觉得这个问题应该由主制造商牵头解决。

一晃时间就过去了十几年，当我接手负责该型号飞机的总工艺时，我决心彻底改变这种现象，从根上解决这个问题。我解决问题的方法如下。

（1）由主制造商设计和制造出用于协调应急门和门框的协调实物标准工装；

（2）把标工交给供应商去重新设计和协调制造门的装配夹具，同时协调制造门的检验工装；

（3）主制造商重新协调设计和制造门框组合装配夹具。这样，问题最终迎刃而解。

 结果与思考

> 飞机装配是一门协调技术，不考虑协调，就会吃苦果。

案例 4.15　不要认为大地就是静止不变的
——厂房地坪在变形，型架精度出现问题

1. 背景

某公司，在每次生产作业会上，都会提到部装车间装配型架常常出现偏差问题，但都不知其所以然，作为时任工装部门的负责人，我决定把这个问题查一个水落石出。

2. 主题切入

来到部装车间察看装配工装情况，发现一种很不好的现象，受外国公司的影响，这里把大量的型架基准工具球座埋在地坪内，眼见地坪水泥板之间的分割线出现了宽窄不同的裂缝，说明地坪在变形，并且是以毫米级的速度在变形，而对

于精度公差在 0.05 毫米的型架基准来说,这个变化对于型架的精度影响是致命的,型架精度受到严重影响的根源挖掘出来了。

3. 过程

我立刻找到了工厂技改的负责人,了解地基的背景和地坪的构造情况,他告诉我,厂房地基是在网络似的河沟基础上,用炼钢厂的铁渣填埋后建立起来的,地坪水泥厚度不到 200 毫米,是按照库房标准铺设的水泥地坪。当我告诉这位负责人,地坪一直在变化时,他不信,说:"怎么可能呢?"我给他提出一个建议,说:"你找一个位置,架上一台光学水平仪,在厂房地坪上设置几个目标,每天记录目标的变化情况,半年以后再来讨论这个问题。"

半年过去了,这位负责人找到我,对我说:"你说得很对,实测证明厂房地坪确实在不断地变化,并且变化还不小。"

在这半年里,我找到了负责利用激光跟踪仪对型架进行定检的师傅,现场了解了型架地面基准的精度测量数据,我一看,这些用作型架基准的工具球座的位置偏差最大达到 6 毫米,这样装出来的飞机不出问题才怪。

掌握了这个真实情况后,我马上找到厂里负责人,提出建议,立刻控制部装车间的地表变形趋势,进行实测值记录,对于重要型架要重新打地基,进行返修。结果,后部对接总装型架和翼身对接型架重新按照我的建议打了两米以上的地基,型架精度才稳定下来。

而建于 21 世纪的新飞机装配厂房,重蹈此覆辙就不应该了。

结果与思考

飞机制造的基本原则是核心要害,作为一个飞机制造厂,不掌握这些基本原则,必定会出现莫名其妙的差错。

案例 4.16 亡羊补牢,犹未晚也
——19 个互换协调方案的出笼

1. 背景

飞机装配过程中,常常出现的最重要的技术问题就是互换协调问题,因此,互换协调技术是飞机制造中的核心技术。按照飞机设计工程部门发布的"某飞机互换件清单"规定,某飞机全机结构件有互换要求的项目一共为近 90 项。这些项目的互换协调问题不很好地解决,飞机就很难保障安全性。

2. 主题切入

自从飞机进入研制批开始，作为牵头研制的主制造商，从型号的顶层工艺设计开始，如果对互换协调技术没有给予应有的重视，缺少成功的策划和合理的设计，纵然飞机进入批量生产阶段，这一系列应该在研制批解决的问题也不会得到解决。一开始，总觉得这些问题是飞机设计的问题，一直抓着总设计师在牵头攻关，忽视了制造工艺在解决这个问题上的关键作用，因此，十年过去了，这些问题一直没有得到很好的解决。

3. 过程

面对诸多不协调问题，公司任命我为该型号互换协调小组常务副组长，让我牵头重新组织制定关键的互换协调方案，在经过一段时间的策划后，我列出 19 项存在严重问题的协调部位突破项目，重新编制协调方案，把各供应商总师都集中在一起，经过认真讨论，这些方案通过评审，并且立刻实施。

经过几年的努力，许多工作从头再来，策划和研制了许多协调工具，把过去的许多概念进行纠正，在主制造商和供应商的共同努力下，以上这些问题终于得到圆满解决，为此，中国商飞总经理特意签发嘉奖令，对团队完成这些长期存在的重大问题的最终解决给予了高度评价。

> **结果与思考**
>
> 飞机制造的核心技术之一就是互换协调技术，不重视这个问题的有效解决，会给型号带来许多后遗症。

案例 4.17　看似简单，实则复杂
——一个油箱口盖装配不协调带来的思考

1. 背景

飞机设计师在飞机设计图样上给出的都是结构理论尺寸和标准公差，一般情况下，都不太会过深入地考虑零部件在制造过程中的变化因素。而如何保证在制造过程中始终保持零部件符合飞机设计图样的基本要求，从而最终使得产品符合设计的理论要求，是工艺师所做的努力。

2. 主题切入

在处理某型客机机翼油箱口盖和开口的装配互换协调现场问题时，发现口盖

和开口按照设计图样分别加工后，装配到一起，总是存在外形阶差和口型间隙不符合设计要求的现象，这就是一个典型的装配不协调案例。

3. 过程

这个装配涉及三个配合要素，口盖、壁板上的开口、连接螺栓，因为连接螺栓是标准件，不产生影响连接关系的互换协调问题，因此，只考虑口盖和壁板上的开口之间的形成过程。

飞机机翼油箱的口盖和壁板上开口的制造工艺如下。

口盖，铝合金板，按照飞机设计的数学模型在数控机床上一次加工而成双曲面外形、下陷和连接孔，在表面阳极化后，等待与油箱开口配合安装，如果忽略表面阳极化工序中形成的微量变形，可以认为盖板的积累误差仅为一次性机械加工误差，比较单一。

壁板上开口，是在壁板原材料状态下，作为厚平板在数控铣床上整体加工出来的，开口是按照飞机机翼下翼面外形状态下孔的形状，双曲面展开为平面状态加工出来的。此时，开口展开误差假设为"误差 1"，开口加工误差为"误差 2"。

随后，加工后的平板运输到喷丸工段进行喷丸成形和喷丸强化，喷丸成形工序中，双曲度变形，再一次积累误差，设为"误差 3"，架外在构架样板上进行喷丸强化，新的误差为"误差 4"。

壁板半成品进行到下道工序，下壁板半成品与长桁的自动铆接，形成下壁板，在此铆接过程中，开口再经历一次强力固形，一次新的变形误差形成，设为"误差 5"。

下壁板周转到机翼翼盒总装阶段，与上壁板、前后梁以及梁间肋共同铆接，形成机翼翼盒，此时铆接是人工铆接，会有各种不规则的变化产生，开口在此阶段虽然变化不会很大，但是总归有新的应力应变产生，设为"误差 6"。

开口总误差 ＝ 误差 1 ＋ 误差 2 ＋ 误差 3 ＋ 误差 4 ＋ 误差 5 ＋ 误差 6

此时开口的形状已经有 6 次误差积累，尽管这些误差有大有小，有正有负，但由于圆形本身偏差方向的复杂性和不可预测性，开口的实际形状和飞机设计的理论外形值可能已经相差很远了。

拿此时的口盖盖板去配合此时的开口，出现不协调性的阶差、间隙是必然的，不出现问题是偶然的。

如何解决这个问题，有两种方法，一种是按照变化最大要素进行实际外形测量，生成一个工艺数模（或制作一个工艺标准实体样件），按照此工艺数模或样件来加工变化比较小的另外一个要素，实现协调互换。另一种方法是，对于变化环节比较多的要素件在最后工序完成后进行整体精加工，这样，就可以避免误差的积累。

> ### 结果与思考
>
> 　　这类问题，实际上在传统飞机制造技术中已经有了很好的解决途径，但是，到了计算机、数字化时代，却变得扑朔迷离了。这不是人变得不聪明了，而是人的思维方式变得单纯了，再加上不愿进行详细的工艺设计，真乃雪上加霜。

案例 4.18　饮鸩止渴，毁灭性解决
——无限度地请飞机设计放宽配合公差就能解决制造问题吗？

1. 背景

　　飞机制造过程中，一遇到装配准确度难以保证时，作为制造厂，总会在第一时间想到，如果设计把精度降低一点，把公差放宽一些，就可以解决问题了。

2. 主题切入

　　无限度地请飞机设计放宽配合公差就能解决制造问题吗？绝对不是这样的。

3. 过程

　　从飞机的不同部位来分析一下放松要求对飞机的影响。

　　机身作为空气动力学在飞机上的最大表现者，外形的流线无误差是飞机最基本的要求，不允许有逆差和超出公差的外形存在，任何超出设计理论公差的形状都会给飞机在空中带来不利的纹流，影响飞机的安全飞行。机身上的功能舱门是飞机机舱与外界连接的工作通道，舱内的压力、密封、温度等环境氛围对舱门都有很高的要求，舱门与机身配合处的结构都非常精密，不允许有任何偏离设计要求的制造结果。起落架是飞机与地面接触的重要部件，起落架的安装和动作都有严格的精度要求，任何偏离公差都有可能带来飞机飞不起来甚至落不了地的严重后果。所以，在机身上，没有任何地方可以允许放松公差要求。

　　机翼既是油箱部件，又是活动面主要支撑体，其外形和结构更是要求严格，任何连接缝隙的不合，都会造成飞机燃油泄漏，飞机在空中漏油的后果可想而知。活动面是飞机起飞和降落时的稳定平衡关键部件，活动面的转动机构如果放松要求，会影响活动面的有效达位，活动面不能有效达位，飞机还能好好飞吗？

　　尾翼包括水平尾翼和垂直尾翼，前者的升降舵负责飞机的侧身姿态调整，后者的方向舵负责飞机的方向调整。放松了其制造公差，飞机就失去升降的效能和转向的功能。

飞机内部主要是飞机各种系统功能的元器件，有各类电路系统、管路系统、安装电路和管路系统的支架部分，还有内装饰等。电路或管路的安装一旦出现随意状态，就可能引起短路或断路，飞机就会在飞行中失控，在空中是无法刹车和停飞的，连维修的可能性都没有，所以，保证百分之百的安全，必须要严格按照设计要求进行制造。

当然，飞机在产品设计时，也不能不顾实际制造能力来进行过分严格的容差分配，在这方面也有严格的设计标准进行控制，好的设计则会在充分保证产品性能的前提下，给出最宽松的公差要求。而在处理现场制造问题时，所掌握的底线是不能够突破的。因而，制造方面不要企图让设计放松原则要求来满足制造需求。

🔍 结果与思考

飞机设计有设计的理论和原则，无限制地满足制造方面的要求，带来的必然是产品质量的下降，安全性能的降低，以牺牲产品质量来换取制造，无异于饮鸩止渴。

案例 4.19 总师云集，何处寻路？
——一次门类协调问题的总师专题会

1. 背景

飞机上有很多门和开口，都是功能性的活动面，按照工作环境，分气密门和非气密门两类。这些门都有在飞机运营过程中进行更换的概率，所以，快速、可靠地进行门的互换性更换，就涉及制造的互换协调技术问题。

2. 主题切入

在中国商飞的公司会议室，召开型号总师会，重点研究飞机上门与门框的协调问题。

3. 过程

由于坚信数字化是先进的制造技术，无所不能，能够解决制造中的一切问题，所以，该飞机在工艺总方案上就明确规定，飞机上的所有门类活动面都采用数字量来协调制造。过程不再赘述，其结果是飞机上所有门在装配后都存在配合问题，共性问题为门和门框之间出现气动外形方面的各向阶差、门和门框对接处存在不均匀间隙。气密试验出现异常泄气现象。

重点讨论了涉及气密的门，如登机门、服务门、驾驶舱应急门、前后货舱门、应急门、通风窗门等。还有一些门没有拿出来讨论，如 APU 门、RAT 门、前起落架门、主起落架门、各种口盖等。

会议上汇总了门出现问题和长期解决不了的一些原因，认为，在用 FRR（不合格品拒收单）处理门的问题时，FRR 上的描述总是就事论事，从来没有进行过深层次原因分析（能力和经验问题）；门的问题有共性渊源，其协调方法均采用数字量传递，没有一处采用实体标准工装来进行协调；门和门框采取不见面的独立生产，甚至是两地生产，厂间或厂际的协调没有考虑；主制造商缺乏协调的理念。

还有一个很关键的问题，各种门分别在不同的供应商处制造，对供应商的技术管理缺乏统一控制，只是把工作包给供应商了，具体制造工艺和方法任由供应商按照自己的工作习惯自由发挥。我这些年来到各供应商现场处理问题时，发现几个供应商制造门的细节流程有很大差别，因为供应商不是总装厂，不负责最后门的总装和气密试验，所以，它们只要把门按照设计图样制造出来，交付主制造商即可，协调不协调是主制造商的事情，供应商不管。而主制造商则认为，供应商交过来的产品应该经过了制造符合性检查，应该是协调的，不应该有问题，如果有问题，就是设计问题。多年来，就是绕着这个死循环转圈圈，门的问题直到我做型号总工艺师时才开始着手解决。

这次会议的结论意见走偏了，认为门的问题主要是设计问题，是没有设计好，会议要求设计会后完善门和门框的设计，在工艺方面没有安排做任何改进的工作，我很失望，无休止的门的问题，已经延续很长时间。结果十年过去了，门的问题依然存在，总设计师换了一批又一批，互换协调情况没有根本好转。

结果与思考

这又是一个数字化技术解决不了实体协调的典型案例，很有深入研究的必要。

案例 4.20 龙之舞，机之韵
——飞机机身成龙对接的关键技术

1. 背景

世界上，固定翼飞机通常采取机身和机翼相交的十字架形式，一般情况下，机翼和机身分别由专业厂单独生产，然后进入飞机总装，进行翼身组合对接。而在机翼与机身对接时，机翼面对的机身有两种情况，一种情况是机翼与机身中段进行对接，另一种情况是机翼与成龙后的全机身进行对接。

2. 主题切入

翼身局部对接和翼身成龙对接，其实是两种工艺路线，最终的目的是一致的，但不同的工艺路线，极有可能造成难易两种路线，出现两种结果，这里只讨论机身成龙的情况。

3. 过程

对于全机机身对接，一种观点认为，不建议固定翼飞机用预装好的机身五个段进行成龙对接，因为五段对接，以地板作为对接基准，几乎是以零公差实现地板对接，世界上没有哪一家公司在飞机研制阶段是这样干的。例如，B737 看起来是机身成龙，可是，在威奇塔工厂组装机身时，不是五段对接，而是下船体以地板面为基准进行机身预对接，然后分壁板和框组合来组装上盖，这样很容易控制地板对接对机身外形的影响。

即便方案是五段对接成龙，也必须做好以下工作。

（1）机身段来自不同的供应商，生产环境和运输条件各不相同，在飞机设计阶段和工艺设计阶段，就要充分考虑各部段的应力应变，所以把设计容差和工艺容差分配做好，是很关键的技术。

（2）对接缝一共有一万多个孔，对接缝的铆接顺序设计很重要。先铆哪个对缝，后铆哪个对缝都需要多架份飞机装配的摸索和经验积累。对于每个对接缝，如何选择机身截面周边的铆接顺序，也极有讲究，最大限度降低五段对接对机身造成的扭曲和挠曲变形，要从机身综合变形趋势方面来分析。

（3）为飞机上批量布局多个五段成龙站位，在一个工位进行五段对接，对于年产 100 架以上的飞机是个严峻的挑战。

还有一种观点建议翼身先对接，好处是，机翼与中机身先对接后，其他各段以中机身为基准段进行调整时，一旦相关段出现问题，可依据基准段对前后段进行综合校正。

当然，还有其他的一些对接方案。具体采用哪种方案，只有通过几个机型的经验积累后，才可以总结。

结果与思考

飞机机身对接是有经验可取的，如果不加以分析，和客观规律对着来，未来则会出现不可收拾的局面。

案例 4.21 专家都想象不到的原因
——雷达罩装配出现顺航向逆差的故事

1. 背景

21 世纪初，某型号飞机在中国立项研制，零组部件与系统成品件等来自国内外供应商，飞机在主制造商处进行对接总装和试飞交付，因此，飞机的制造工艺牵头单位自然而然地成了主制造商。由于主制造商缺少经验，闹出不少的事情来，雷达罩装配出现逆差就是一例。

2. 主题切入

当这款型号飞机的首架飞机在总装现场进行全机总装时，发现把复合材料材质的飞机雷达罩与机头进行对接安装时，本应该是航向上顺差容差设计的雷达罩与机体之间出现了毫米级的逆差，这是飞机制造中不允许出现的情况。

3. 过程

主制造商两手一摊，说："雷达罩是供应商生产的，机头也是另外一家供应商生产的，我只是拿来装配一下，结果出现这种现象，不是雷达罩做小了，就是机头做大了，你们两家找原因吧，我坐等结果。"听起来主制造商说得很有道理。

雷达罩和机头的两家供应商在生产各自的部件时是相互不见面的，一接到总装厂的这个信息，也不敢怠慢，分别赶紧检查自己的生产工艺流程，对现场的工艺装备进行了彻彻底底的检查和测量，结果是，两家都符合制造依据。两边坚决认为自己没有问题，很肯定地回答主制造商：制造的产品完全满足你们的要求。

这下主制造商陷入困惑，这两家都没有错，难道是主制造商的责任？大家谁也说服不了谁，三家分别把事情告到总部，总部也有些"清官难断家务事"，也没有去解决具体技术问题的职能，此事也就这样给拖下来了，一直拖到制造了近十架飞机才在我的介入下得到彻底解决。

我进入主制造商工作后，并不负责型号工艺工作，对雷达罩的问题不清楚，直到两年后，在一次梳理新支线飞机的系列问题时，大家对雷达罩的问题讨论得很激烈，说适航当局也在关注这个问题。这时，出于对产品质量的责任感，我详细了解了雷达罩问题的细节。

我问了三个问题，这在我的事业生涯里是具有历史意义的三问。

一是，雷达罩的协调依据是什么？工艺部门告诉我是标准工装。

二是，机头与雷达罩对接处的制造依据是什么？回答也是正反标准工装。

三是，这两个标准工装见过面吗？可以载入历史记录的一幕出现了，大家你看看我，我看看你，都不理解我为什么这样问。有人说话了，标准工装都是按照飞机设计数据做的，都符合飞机设计数据，都是合格的，为什么它们要见面？我看到这种情况竟然在一家飞机制造企业发生，就开始详细解释，为什么这两个标准工装要见面，进一步说，就是要把这对正反标准工装进行协调对合，其实，再深入一步讲，这一对标准工装中，正标工要按照飞机理论数据加标准工装设计图样去制造，反标工则要按照正标工协调制造，对合检查。协调的部位包括标工的外形（正公差和负公差的处理）、基准要素、对合装配单元等。只有这样做，才符合协调制造的原则，才使得双方做的产品能够实现符合飞机设计数据的协调对合装配。

最后，他们才告诉我，当年，由于时间紧，两家供应商都在催要制造依据，所以，当制造完一个标准工装时，就先提供给供应商使用了，后制造完工的标准工装是按照飞机设计数据做的，只要符合设计数模，不会出现问题，就忽略了一定要对合协调这个环节。

我看飞机尚在研制期，时间来得及，就果断下决心，废掉前面做的正反两个标准工装，在我的指导下重新设计制造新的协调标准工装，这个问题才算彻底得到解决。

结果与思考

一个缺乏基本常识的错误，会带来严重的制造问题，所以说，飞机制造从某些方面来讲是一门经验性的工程。

案例 4.22 好事多磨
——钻模板的使用风波

1. 背景

飞机制造中使用钻模板进行有规律的钻孔，按说是再平常不过的工艺，但在一些已成习惯的工序流程中，却遭到了意想不到的抵触。

2. 主题切入

此抵触发生在某型号飞机的翼身对接部位。

3. 过程

某日，在部装车间的某型号翼身对接现场，我带工装部门的设计员把通过创新基金研制的钻模板在翼身对接工位的前后梁接头上试应用。

这个位置，在飞机研制初期，就没有考虑一个合理的安装工艺设计，而是采用了修配飞机的习惯方法，凑合着对接，每次对接少则半个月，多则一个月，并且每架飞机的对合情况都有差别，现在到了批量生产阶段，对于每月产量为 3 架以上的新支线来说，这个方法显然不能满足进度要求。这之前，当我还在工装部门工作时，就意识到了这个问题，带设计员立了一个创新课题，当时，许多人特别不以为然，他们认为没有必要花钱做钻模板，但我坚决要求科技管理部为这个项目立项，他们看我的态度很坚决，总算勉勉强强立项了。

现在好不容易做出来了，部装车间却不经常使用，因为使用钻模板不仅会大大提高工作效率，还会缩短工位的制造周期，压缩了工人们的工时，工人不喜欢用，无奈，我只好亲自到现场，详细制定使用方法，并提出了第一架机比对、拍照、存档，第二架机上试验使用一次，钻几个孔，同时根据操作者希望轻量化的要求，修改结构和材料，对钻模板进行减重设计，还考虑了玻璃钢钻模板，经过反复做工作，最终才得到使用。

这个案例说明，推行一个创新技术真的很难。这就是为什么飞机研制在一开始就要把工艺设计做好。飞机制造不做工艺设计，必定会带来后续的一系列麻烦。

结果与思考

飞机制造现场推行一种新工艺技术，不仅是技术问题，更重要的是习惯问题，习惯代表着什么？大家都很明白，当使用者不积极的时候，推行的技术即使再先进，也会受抵触。

第五章 总 装

> 飞机装配分部件装配和总装两部分，部件装配是把飞机零组件装配成部段，总装是飞机部段对接成完整机体结构件后，对内部系统和动力的安装以及测试，总装完成后，飞机就可以飞起来了。飞机在总装阶段，会发生许多稀奇古怪的事情。

案例 5.1 飞机上不需要你！
——飞机多余物的控制（FOD）

1. 背景

在飞机制造各个生产过程中产生不属于飞机产品的多余物品，这些多余物可能随着飞机产品工序间移动，甚至留在交付给用户的飞机里。英语之为 foreign object debris（FOD），这些东西有可能给飞机带来致命的隐患。

2. 主题切入

飞机制造过程中，特别是零件进入组装阶段，各种多余物千奇百怪，无处不为家，无时不为祸，给飞机生产带来了无穷无尽的烦恼。这些多余物包括多余零件、工具、加工余屑、纸胶带、牛皮纸、多余胶、杂屑甚至多余食品（红烧肉等）、多余日用品（手套、毛巾、雨伞等）。外来物的预防和控制对保证飞机飞行安全意义重大，在民航历史上也发生过因多余物造成机毁人亡的事故，例如，2000 年法航协和式客机空难，上一航班掉落的金属片扎破了随后起飞的协和式客机轮胎，轮胎爆破产生的碎片击中了一个或多个油箱，飞机左机翼起火并很快坠毁；又如，全静压探头堵塞造成的 1996 年秘鲁航空 B757 空难。

3. 过程

某型号飞机也曾多次发现多余物问题，例如，右发起动活门发现破损密封圈、继电器被多余物引起的状况烧蚀、压力油滤发动机驱动泵（engine drive pump，EDP）单向阀堵塞、冲压空气涡轮（ram air turbine，RAT）叶片损伤等，还有留在飞机卫生间顶棚上的斜口扳手，甚至把吃剩余的餐食红烧肉塞进机翼翼盒里，在发房进气道发现雨伞等。

多余物管控原则和方法要从多余物检查向多余物预防逐渐转变，多余物检查和预防工作并重，在落实多余物检查的基础上强化多余物预防措施。

防止出现多余物的工作要点包括以下方面：飞机制造公司全员进行避免多余物教育，成立多余物现场检查工作小组，制定多余物问题控制目标，明确和细化多余物问题控制原则和方法，完善程序和制度要求，梳理各工位飞机多余物风险点，加强重点区域检查，持续开展总检、巡检等专项检查，完善并加强工具管理，开展公司员工质量作风建设，加强供应商多余物管控，持续改进。

其实，最有效的办法就是，在 AO（装配指令）的每道工序结束后，加上一道涉及该工序工作区域以及界面位置的多余物检查和互查，把多余物考核与工时考核结合起来，一旦发现多余物，不但扣除所有当前操作工时，还要进行严肃处理。

结果与思考

飞机多余物在全世界的飞机制造公司都会出现，杜绝多余物不但涉及管理科学，也涉及工艺流程安排、心理学研究和人机工程学设计等。

案例 5.2 不要过度理解和使用
——水平测量点

1. 背景

水平测量点是对飞机在地面无载荷情况下，进行机体外观特征测量的定义点，是飞机设计给出的理论位置。如何利用这些测量点，是很有讲究的。正确利用，可以引导飞机的正确装配；过度解读，则会误导飞机的装配。这方面的例子很多。

2. 主题切入

某飞机在部件装配阶段，一旦出现外形误差、对接偏差和调姿问题，往往首先想到了要对供应商交付的部件进行水平测量点复测和检查，这就犯了一个大忌，由于飞机还处在部段阶段，还没有形成全机状态，对部段进行水平测量点检查，出来的结果与全机对接以及总装完成后的检查结果必定大不相同，例如机翼在与机身对接前，有三个位置状态，每一个状态都与对接后的实际状态会有很大差别，这时候用对接前的任一状态来判断机翼的问题，都是不切实际的。

3. 过程

之所以水平测量点不宜用于衡量部件的全机基准状态，原因有以下几点。

（1）飞机部段在没有参与全机对接前，严格上说，其空间状态还是呈不定状态，它是在随空间位移、随时间变化而变形过程中；

（2）部段的重心还是部段级重心，与全机重心不是一回事，部段重心在全机对接后就会失效，全机对接重心会是一个随时变化的重心；

（3）部段的基准还没有整合到全机坐标系里，两套基准各把其关，不能混合在一起；

（4）部段还没有装系统，未知因素很多等。

为此，民机部段对接前，进行符合性检查的基准仍是部段自身的基准，不能拿全机坐标系来验证部段的正确与否。

尽管在制造部段时，按工程设计要求，在部段的某些相关位置设置了水平测量点的要素，例如孔、面、线或点等，但这些测量要素严格上说在部段制造阶段只是作为参考使用的，也是为未来的全机成型后测量水平实际值使用的，即只有当全机对接后，才可以进行测量，并记录实测值，作为全机在总装过程中的测量基准，才是真正意义上的全机水平测量点。

🔍 **结果与思考**

水平测量是在飞机对接后的使用值，任一在对接前使用的值，都不能作为评判飞机制造正确与否的依据。

案例 5.3 只具有还远远不够
——电气布线艺术

1. 背景

当房屋进行装修时，你肯定不希望施工者把隐蔽工程中的电气线路布置得乱七八糟，一塌糊涂，飞机更是如此，电气布线在飞机中如同人体神经走向一样，应该是逻辑清晰、布置整齐、纵横有序、错落有致、互不干扰，细致操作起来，就应该像对待艺术品一样。

2. 主题切入

电气线路互联系统（EWIS）指安装在飞机任何区域的各种电缆、端接器件、布线器件或其组合，用来在两个或多个端接点之间传输电能（包括数据和信号）。EWIS 关联着飞机的导航、通信、环控、电源、照明、动力、飞控等各个系统，为飞机的各部件提供动力电源、控制信号和数据信息。飞机上数以万计的导线和线束必须正确地进行敷设绑扎、隔离、弯曲、端接等，任何不正确的操作都可能会造成飞机系统设备间的连接故障，飞机相关系统功能故障或者失效，极易引起飞机的安全事故。

随着新支线飞机产量的逐步增加，提高 EWIS 质量问题已成为影响飞机制造和交付质量需要解决的几大顽疾之一。

3. 过程

EWIS 问题，需要运用系统性的方法，从工程设计、工艺设计、制造交付、装配等各流程上，在人、机、料、法、环各因素上进行管控，系统性地解决 EWIS 问题，提高 EWIS 的整体质量，提升用户的满意度水平。在解决这些问题时，常提到如下措施。

成立 EWIS 问题专项治理工作小组，制定 EWIS 问题控制目标，完善 EWIS 相关工艺规范，提高可操作性和可检性，完善 EWIS 操作及检验培训课程并加强培训，提升 EWIS 工艺设计、工艺策划水平，持续开展 EWIS 总检、巡检等专项检查，提升供应商 EWIS 工作管控水平，梳理 EWIS 典型、持续发生风险点，制定专项治理措施，提升 EWIS 工作自动化率，减少人为因素产生的质量风险，持续提升 EWIS 质量。

我曾经深入现场考察过波音飞机在美国的总装生产线和空客飞机在德国汉堡及中国天津的总装线，在 B747、A380 的飞机总装中，EWIS 的走线和连接堪比艺术，总装现场的工作平台上，有详细的布线标准工作规范图，上面的说明清清楚楚，包括正确的布线要求、错误的布线要求、插针和连接怎么才算合格等，一目了然。所谓"成立、制定、完善、提高、提升、梳理、减少"等一大堆口号式、战斗式虚词，在工作现场都化为了具体操作要求。

看完国外的做法，就可以总结如下几条了。

（1）细化现场操作 AO，在 AO 中详细描述操作的任务要求，要不厌其烦，不要试图简化；

（2）从研制批开始，就在总装现场布置大量图文并茂的标准工作模板，告诉操作者，什么是合格的操作，什么是不合格的操作，现场的一幅图，好过一百次培训；

（3）加强现场工作工具的充分配备，使得工具配备合理、科学和唯一；

（4）对操作者的工作成果进行拍照留样，随时可以追踪问题根源。

结果与思考

飞机 EWIS 好比人身体内的神经系统，随意不恰当的搭接和虚连，都会使飞机出问题，飞机一旦有问题，对人类的教训是残酷的。

案例 5.4　飞机漏油是危险的
——气密油密试验及涂胶

1. 背景

飞机靠燃料飞行，乘员靠气密活命。因此，一架飞机总装时，要进行严格的气密和油密试验，影响气密和油密的很关键一环是涂胶质量。

2. 主题切入

作为影响飞机密封的最直接因素之一，涂胶质量不佳直接影响现场气密、油密及功能试验的正常开展，并导致飞机在航线运营中明显不良。外表面涂胶质量对飞机喷漆后的外观影响巨大，生产线对涂胶的返工不仅拖长生产周期，且返工质量一般难以达到首次施工的高质量要求。

3. 过程

密封操作作为飞机装配的工序之一，人们的关注点似乎并不放在这个隐蔽工程上，但就是这个看起来不起眼的工序，更需要给予格外的重视。

一般企业在飞机密封过程中的工作要点一般包括以下方面：成立涂胶问题专项治理工作小组，制定涂胶问题控制目标，消化梳理现有典型问题，形成负面清单，立行立改，梳理各工位飞机涂胶问题风险点，加强产品保护，加强重点区域涂胶及检验，完善密封涂胶操作及检验培训课程并加强顶层培训，提升工艺质量策划水平，持续开展接收检验、总检等专项检查，落实责任，加强考核，持续品质提升等。

1）梳理负面清单，立行立改

（1）质量部门组织整理日常检查、中国民用航空局（简称局方）检查、客户监造、客户接机过程中发现的典型涂胶问题，形成负面清单。

（2）制造生产部门根据现有涂胶责任问题清单，制定纠正措施，责任到人，重点操作，重点检验，一次做好，持续验证。

（3）采供部门根据现有供应商涂胶问题清单，协调各供应商制定纠正措施方案。

（4）采供物流部门负责对重点重复区域设置质量保证代表（quality assurance representative，QAR）点，各代表室负责跟踪落实，对后续交付飞机进行验证。

（5）车间、维修交付部门梳理飞机重点、难点涂胶风险区域，安排专人进行涂胶操作。

2）强化操作、检验、检查培训

（1）培训部门负责持续完善涂胶教材，增加典型案例，负责各方面涂胶培训，并按需对供应商开展涂胶培训。

（2）质量部门、培训部门对采供部门质量代表、接收检验、现场检验开展涂胶检查培训。

3）提升工艺质量策划水平

（1）工艺部门持续跟踪现场针对涂胶工作的工程图纸、工艺规范的优化建议与意见，开展技术协调与沟通工作，做好工程图纸、工艺规范优化的跟踪与落实。

（2）工艺部门优化涂胶相关工作操作规程，提高对涂胶操作的指导性。

（3）质量管控中心优化涂胶相关检验规程，增加不可接受典型案例，提高对检验工作的指导性。

4）加强过程管控、持续开展检查

（1）质量部门落实公司级巡检机制，组织并联合车间、采供部门，开展大部件接收、大部件上架、维修交付接机、全机总检涂胶专项检查。

（2）采供部门组织大部件交付检查专项团队，在大部件交付前完成供应商涂胶质量专项检查，协调供应商限期完成整改并提交持续改进措施。

5）落实责任，加强考核

（1）质量部门根据质量奖惩制度，明确各部门涂胶质量控制关键绩效指标（key performance indicator，KPI）指标及奖惩机制。

（2）采供部门完善供应商考核机制，增加供应商涂胶质量考核要素。

6）品质持续提升

（1）工艺部门结合客户要求、现场反馈意见及优化建议，持续优化工艺规范中涂胶操作要求、工艺控制要求、接收检验要求。

（2）车间各工位、维修交付部门根据质量部门典型负面清单制作展板/不可接受案例库，供现场参考。

（3）培训部门组织涂胶技能大赛，以赛促进涂胶质量提升。

正所谓：真传一句话，假传万卷书。管理措施制定得越复杂，出现问题的概率会越高，要解决这个问题，不要把把关过程设置成天书，谁也看不懂。其实，要想做到密封，只需要遵守相应机型的《涂胶密封图册》的要求，里面应图文并茂地仔细描述飞机各个涂胶部位的涂胶要求，这本手册的作者应该是制造商主管工艺部门，使用者是包括各供应商在内的制造部门。

只要一本书，就可以解决一切议而不决的问题。

结果与思考

技术应用就是戳破一张纸，而不是翻过一座山，事倍功半的事情往往会用事半功倍的方法解决。

案例 5.5 曲项向天歌
——飞机尾部坐地下了

1. 背景

飞机尾部坐地下，没有听说过？但却实实在在发生了。到底是怎么回事？世界上少见，我却见到了。

2. 主题切入

飞机在总装过程中，由于机体的重心随时都可能发生改变，所以，对飞机机舱内部的物体和人员的进入和移动都有严格的规定，例如，在某个总装工位，飞机上不能同时超过 25 个人在飞机内部工作，就是这 25 个人，也不能同时集中在飞机一个部位进行作业，要求必须进行分散作业，并且在工作结束时有序撤离。

3. 过程

某日夜里，一架正在总装工位的飞机，在操作者认为已经完成了当天的工作量以后，机舱内的工人陆陆续续地从飞机上撤出，当最后一个员工离开飞机后，谁也不愿看到的事情发生了，只见飞机机头慢慢地上翘，主起轮子抬高，飞机的尾部渐渐地与地面越来越近，最后进行了密切的"亲吻"！飞机尾部坐地了。

分析问题的原因是，是飞机重心后移，前不负重，抬起头部。

如何避免总装过程的飞机发生这种情况？技术处理有以下几方面。

（1）计算出每个工作工位状态下飞机在空机时的重心位置，按照重心位置策划支撑飞机的支撑点。这样，在飞机上人去机空时，飞机就不会失稳。

（2）在飞机上进行工作时，上机人员的数量和人员在飞机上的位置都要在 AO 里详细说明，不允许无关人员或没有计算在内的人员登机。

（3）对飞机在操作时的配重要求要在 AO 里以数据和图文并茂的形式标识出来，机上操作人员根据工作位置随时掌握飞机上自己的安全位置。

（4）工作人员在工作完毕、撤离飞机时，要按规定的顺序离开，不能一窝蜂似地下机。

🔍 **结果与思考**

飞机装配是一件极其细致的工作，事事处处都要给出详尽操作规程，方方面面都要按照操作规程去做，否则，什么事情都有可能发生。

案例 5.6 面子都不要了
——踏在飞机表面干活，不怕客户骂你吗？

1. 背景

几个操作者站在机翼表面干活，薄薄的机翼可怜巴巴的，有些不负重压的样子，实属无奈。

2. 主题切入

产品保护问题一直被列为生产线顽疾问题之一，产品保护不到位造成的损伤处置严重影响了生产效率，制造成本，外观美观，甚至产品质量。

3. 过程

要解决这些问题，通常从下面几方面入手。

从产品保护问题产生原因角度，以及缺少保护和保护失效两种角度，将损伤类型分为精饰外观损伤、成品损伤、结构损伤。

（1）精饰外观保护，针对客货舱内饰、飞机外观涂饰，完善指导文件，完善飞机内饰保护方案，编制和完善飞机内饰安装保护要求及保护方案，编制专用的内饰保护文件，并作为 AO 发布，作为内饰保护的指导文件。

（2）成品保护，针对装机后的成品损伤，分析产品损伤的原因，从优化工艺流程及操作流程入手，采取工装保护的优先顺序制定措施。

（3）结构保护，针对工位上发现的结构损伤，分析产品损伤的原因，以采取保护工装、优化工艺流程、优化操作流程的优先顺序制定措施。

（4）过程管理要求提升，工位之间的移交管理；制定、完善、强化工位之间移交时工装移交的管理要求；加强移交过程中工位移交的内审检查；加强工位内的状态控制；加强工位内产品保护与工位产品保护要求的一致性及效果验证工作；加强工位内产品保护的过程监管。

（5）管理方法提升，完善现有的保护手册，从经过损伤问题分析和措施制定、工位移交过程管理、工位内使用效果验证多个角度，持续完善产品保护手册。

（6）强化保护工装的使用指导可视化；在保护工装的表面，采用喷涂或者标记的方式，将保护工装的使用场景和使用方法进行可视化，便于保护工装的使用。

（7）采用视频、全景视图等显现化加强保护的展示度，结合工位的产品保护要求，制作摄像视频，制作 3D 全景视图，作为指导工位保护要求的培训材料，在工位内进行一段时间的循环播放，同时作为保护落地的审查依据。

（8）保护方法逐渐在实践中加以完善，搭建产品保护问题传递和信息迭代的沟通渠道，包括发现问题、制定措施、实施措施、信息反馈各个环节，确保产品保护问题都能有错必改，且措施能及时落地。

结果与思考

飞机的产品保护问题说到底是企业文化问题，需要全体员工的清醒意识和积极行动。

案例 5.7 都是别人的错
——成品件坏在谁的手里

1. 背景

在飞机总装过程中，常常遇到成品件无缘无故坏了的现象，这时，难断是与非，产品经过的几个环节，都说不是自己的责任，"嫌疑犯"到底是谁？要用证据说话。

2. 主题切入

我在从事型号总工艺师期间，作为 II 级纠正措施委员会（Corrective Action Board，CAB）主席，每月都会主持一个分析质量技术问题的 II 级 CAB 会议，在会议上我经常当判官，对飞机成品件的损坏进行追踪、寻证、判断。

3. 过程

成品件从出供应商的门到装上飞机，到实现机上功能，要经历如下过程。

A：供应商处合格验收，包装运输；

B：运输到用户处，开箱验收，入库；

C：出库，运到飞机装配车间库房；

D：装配车间库房运输到工位现场；

E：装配到飞机上，进行功能测试。

在上面各个过程中，都有对成品件造成伤害的可能性。在 A 区间内发生的问题，一般会有合同约束，还有 B 点控制，容易判断。

在 C 区间，最容易出现问题，也最难区分责任者。有一次，一个电气成品件上的一个接头被碰断了，库房和装配车间之间都说是对方的责任，而且没有明显的证据说明是谁的责任。

在D区间，也好限定责任区域，就是车间内部去查询责任者了。E区间也一样。

那么，我就在C区间制定了一个管理程序，要求两个部门之间交接时，要对成品件拍照存档，在哪个环节出问题就好说了。

结果与思考

企业管理属下，查找问题不能靠自觉，要靠管理程序，管理到位，复杂的问题也会变得简单了。

案例 5.8　密密麻麻的像瀑布
——电气导通试验工程宏大

1. 背景

第一次看到飞机在做电气导通试验，吓我一跳，和我在大学毕业时做的毕业设计完全不同，那是用单板机测试很简单的几根电缆，现在摆在我面前的是，密密麻麻的像瀑布一样，又多又长。

2. 主题切入

飞机总装阶段，最重要的测试之一就是电气系统的导通逻辑试验。一架飞机，电气部分就是飞机的控制神经，测试系统就是对神经的工作是否正常进行会诊。

3. 过程

飞机的尾气环保和噪声排放方面要求越来越高，使得飞机的电气化应用占比越来越大，例如液压和气动执行机构和系统将被电动执行机构和系统取代，这样，传统的测试技术就无法满足现代化的测试需求。这里主要说的是传统的测试方式，一个节点就要有一个检测输出线，全机成千上万个节点，就要有成千上万条检测输出线，像瀑布一样。

据说，这是继承某外国公司飞机总装的技术，而这种技术从历史沿革来看，应该是20世纪五六十年代的技术水平，半个多世纪过去了，还在沿用这个技术，就有些落后了。因为波音公司的总装现场，空客飞机的总装现场，已经看不到这种密密麻麻导线一片的技术了。例如，空客有三个测试站台，分别对飞机的电气、液压、机载设备等进行测试，均采用了集成技术，也就是利用现代化通信技术，如网络技术，蓝牙技术，遥测技术等。

幸而，国内专家已经就这个技术进行了基于总线的测试系统研究，并开始在各类飞机上使用。这个技术主要是运用了数据采集的集成系统，单个通用数据采集系统就可以从 4 通道到数万通道，触发或持续数据采集，可同步覆盖整个飞机状态，CANbus 和温度通道，电隔离，电压输入为 ±10mV～±1000V，实时均方根、功率和效率计算，通过 EtherCAT 实时集成到测试台。

其常见硬件组成为主控机、测试主机和终端机三大部分。其中终端机包括若干台分布式线缆扩展柜，一台功能扩展柜。测试主机和各扩展柜之间通过数字总线和模拟总线两根总线电缆连接。数字总线是 CANbus 现场总线，完成主机与各扩展柜之间的通信；模拟总线采用耐高压屏蔽电缆，完成测试信号的传输。

软件系统一般包括主控机软件和测试机软件。主控机软件有显示控制、数据库管理、通信控制等功能。测试机软件接收主控机发来的消息，协调控制多个部件工作，完成测试结果处理，包括程控高压电源控制、测试板卡功能控制、测试数据读写、CANbus 通信卡、I/O 通道操作及测量数据处理。

某型号飞机使用了一套地面功能集成测试系统，通过综合测试管理平台实现了测试信息全流程监控，提升了总装质量和测试自动化、数字化水平。

🔍 结果与思考

　　电气测试对现代飞机的功能和安全至关重要，快速、可靠、有效的检测技术给飞机的批量生产带来了福音。

案例 5.9　一碰失万金
——飞机被工作梯撞坏了

1. 背景

飞机会被工作梯撞坏，是一件不可思议的事件，这涉及产品保护方面的技术。

2. 主题切入

在飞机总装生产车间现场，工作梯一不留神就和飞机"亲密接触"一下，这在飞机生产企业里算不上什么新奇的事情，经常发生，见怪不怪。

3. 过程

这个问题表面看起来是个现场操作者的责任心问题，冷静分析一下，这是由缺乏科学工艺布置带来的。

对于部件装配来说，飞机产品都被装配工装包围得严严实实，操作工作梯与飞机产品之间始终保持一种固定的间距，工作梯相对装配型架来说，总是位于装配型架的外围，理论上应该没有与产品有接触的机会。

这些亲密接触最大可能出现在飞机全机对接成形后的总装阶段。这个时候，飞机的主要装配工作是安装飞机机体内部的系统件和飞机外部的活动面，包括各种门类和活动翼面等。

以前，在空客和波音飞机制造过程中也经常出现撞飞机的尴尬事情，后来波音和空客在设计生产线时充分考虑了防范措施。现在空客和波音飞机总装现场，飞机旁边的工作梯从设计上就与飞机始终保持一个最接近的不碰撞距离，这个距离是通过物理限位来阻止工作梯与飞机进一步接触的，无论工作梯如何运动，到达飞机机体附近，总会有地面或空间某个物理限位装置，使得工作梯根本无法撞上飞机。

他山之石可以攻玉，有了这个理念，在设计工作梯时，必须把工作梯的安全使用要求首先考虑进去。

对于活动的、可以在飞机站位间自由分配使用的工作梯，也就是通用工作梯，必须在工作梯上设置与飞机机体接近时的警示装置、防撞机构和软体接触面。

对于固定在某个站位使用的工作梯，必须在工作梯与地面的接触部分设置与飞机之间保持固定距离的防撞限位装置，工作梯不得越过此限位界限。

对于可移动工作梯，必须设计地面运动轨道或电磁轨道，轨道尽头必须有工作梯限位装置，当使用工作梯时，限位装置必须始终保持有效状态。

🔍 结果与思考

不要相信和完全依靠现场操作者的责任心和自觉性来防撞，人总会出现疏忽，必须依靠科学合理的工作梯防撞措施，才能使得在没有人的因素作用下，工作梯永远无法与飞机机体"亲密接触"。

案例 5.10　好看不好吃
——现场标准工作法

1. 背景

飞机总装现场工作繁多，任务交叉，空间凌乱，需要一种科学的、具有一定规律的装配管理方法，即标准工作法。

2. 主题切入

标准工作法来自何处？说法不一，有人说来自美国，有人说来自欧洲，但不管来自何处，拿到中国来用，就必须是中国的标准工作法。

3. 过程

快餐店采用标准工作法的理念，全球麦当劳、肯德基、星巴克等食品店采用了统一标准，顾客在世界各地都能够买到统一口味的食品和咖啡；航空制造由于采用了标准工作法，波音和空客转包给世界各地的飞机零部件产品，都是按照同一种标准生产，到主制造商那里都能够实现协调装配，这就是标准工作法的魅力。

在飞机制造中，采用标准工作法的先决条件为，飞机已经进入批量生产，飞机零件生产质量已经稳定，工艺流程已经固化，生产线采用统一设计、统一制造。

采用标准工作法的手段有，统一的装配指令，标准的装配示范图示说明，标准的工序验收方法，统一的工艺装备，统一的协调路线和方法，操作者也是统一进行标准化操作培训。

飞机制造采用标准工作法的区域有，零件加工，包括机加件、钣金件、复合材料件等，部件装配，全机对接，全机总装，也就是在飞机制造整个过程中，都可以实施标准工作法。

问题是，整个标准由谁来定？如何制定？这就要求企业要能够达到制定有效标准的水平，工艺设计水平要高，AO/FO 编制要能够充分满足指导工人进行最低成本操作的要求，操作工人要具备熟练工的水平，公司管理要适应标准工作法的要求等。

🔍 **结果与思考**

一套标准工作法的实施，要经过初期的高成本投入，使得软硬件都要适应标准工作法的要求，到了标准工作法在生产线上顺利运行时，工作成本就会大大降低。

案例 5.11 轻轻地你来了
——气垫技术在总装工作平台上的应用

1. 背景

气垫技术不是一个新技术，但在飞机制造中的应用还不普遍，进入 21 世纪以来，飞机制造工程师在运用各种技术来改变飞机制造的传统技术，这样就考虑到了气垫技术，本案例介绍了气垫技术应用于中国商飞总装中心的过程。

2. 主题切入

2009 年 8 月中旬，厂长找到我，说总装车间的地坪经常被笨重的工作台的轮子碾压坏，问我有没有办法改变目前这种局面，我说有呀，可以利用气垫技术，厂长就说很好，赶紧实施，厂里保证资金支持，特事特办。

3. 过程

我当天就在工装设计部门启动了攻关的行动，先是确定实施方案，新造一台设备周期太长，最后决定在原有的工作平台上进行改造。

首先，确定气垫产品供应商，根据平台的重量和对地面的压力要求，制定了加装气垫元器件的设计方案。

其次，在原平台上增加了安装气垫元件的辅助装置。

最后，在使用车间改造用于气垫的气路系统。

花费两个月时间，就在原工作平台基础上加上了气垫，并试验成功，解决了上飞总装车间的老大难问题。

有了这个开端，业务部门进一步立项了科研课题，与精密制造所合作，对飞机安装平台进行全新概念研制，综合气、电、液、磁、机一体化技术，研发了新支线总装高平尾安装平台，为祖国的大飞机制造做出了的新技术革新。

结果与思考

先进技术在飞机制造中的应用，要有敢于吃螃蟹的胆量，首次吃番茄的勇气，才能够获得收获。

第六章 售后服务

在中国的航空工业内，飞机售后服务还是个刚刚起步的新行业，过去，军机制造行业也有类似的售后服务部门，通常称为特设部门，后来改称用户服务部门，但真正成体系、成规模的飞机售后服务系统是在 21 世纪初，随着我国民机的制造开始，才正规起来。过去，售后服务的范围主要是在部队，现在，服务对象是民机运营公司，面对的是全人类的飞行安全和服务安全，对此，必须要站在更高层次上来看待售后服务问题。

案例 6.1　立场决定思维
——客服工程师对机上可拆卸件的互换要求

1. 背景

飞机制造之难，难以对外人诉说，偏偏客服工程师不吃这一套，他们认为，飞机制造出来，就应该像家具一样，随意拆卸安装，像玩具一样，随意换件拼合，这叫立场决定思维。

2. 主题切入

飞机的使用性和可维护性对于飞机用户来说就是时间和飞行架次，就是效益和成本，用户会在分分秒秒的维修时间上求得最短，在方方面面的操作方便上求得最快，在飞机起起降降的派遣上求得最准，所以，用户对飞机提出更严格的要求可以理解。

3. 过程

就飞机使用和维护来说，用户对客服单位提出苛刻的保障要求，也是可以理解的，在客服冲在第一线，作为乙方，代表飞机制造企业，为飞机制造方争取利益最大化，与用户进行你来我往的谈判后，转身就成为代表客户的甲方，与飞机设计和飞机制造（成为乙方）进行增加互换项目的拉锯战。

我全程参与了某型号飞机的互换协调项目的反复确定。

按照常规，飞机结构上的互换协调项目是由飞机设计师在进行飞机设计时确定的，形成一份称为"互换协调项目清单"的技术文件，下发到制造部门，在飞机制造过程中进行重点保障。从我几十年的经历来看，在策划互换协调项目时，设计员们考虑的重点在于飞机机体上的各种门、机翼上的活动面等，总共加在一起，也超不过100项。在型号研制时，重点关注的也就是这近百项的互换协调技术。

但是，在飞机取证后，即将交付飞机时，才发现互换协调还有更多的事情要做。

为了保证飞机互换协调项目的完整，售后服务中心全方位听取了航空公司用户的意见，然后提出了一份含600多项互换协调项目的清单，包括飞机机翼油箱口盖、飞机结构内部的系统支架等。这个清单的提出，一下子把主制造商方面的主管工艺师和飞机设计师镇住了。

售后服务工程师逐项给设计师和工艺师介绍了互换项目，解释了这些项目为什么要进行互换，一旦互换，对航空公司的意义，特别是对飞机制造商的市场意义。

在客观事实面前，设计师和工艺师都充分认识到这么多互换协调项目的重要性了。

紧接着，设计师完善了互换协调的清单，工艺师深入供应商处，共同制定了改进飞机制造互换协调性的具体措施，经过几年的完善，飞机已经进入适于优质运营的状态了。

随之，飞机订单连续不断地到来，使得这个大飞机漫天遨游的目标得以实现。

结果与思考

如何制定互换协调项目，要充分听取客户的意见，售后服务工程师在某种意义上代表了客户的想法，所以，在飞机设计初期，售后服务工程师就应该作为小组成员之一参加互换协调项目的制定，这样，从飞机研制开始，就把这些项目作为重点考虑，那么飞机就会受用户的欢迎。

案例 6.2　手册越全越理想
——飞机运营过程中，该如何进行维修？

1. 背景

飞机在运营，天天都会暴露和传递出飞机在飞行中出现的问题，每个问题都是等不得的，有效的维修是保证飞机安全飞行的重要一环。

2. 主题切入

对于军机来说，时间就是胜利，对于民机来说，时间就是效益，飞机运营中出现问题，意味着飞机会立刻停飞，停飞的压力会在第一时间传递给制造商，因为，飞机的设计和制造者对飞机的结构以及性能最清楚，用户对飞机的维护很大程度上是依靠制造商的。

3. 过程

飞机交付客户后，会随机附带一份飞机制造商提供的飞机维修手册，里面详细地描述了飞机遇到不同问题时应如何解决。

飞机维修手册按其工作性质分为外场航线维修适用的手册、定检时控的维修手册、结构无损用的维修手册和用于飞机深度维修的维修手册。

其中最常见的是外场航线维修适用的手册（airplane maintenance manual，AMM），内容包括飞机全部系统说明和功能部件说明、零件目录图解手册（illustrated parts catalog，IPC）、系统图解手册（system schematics manual，SSM）、线路图手册（wiring diagram manual，WDM）、标准线路施工手册（standard wiring practices manual，SWPM）、自检手册（built-in test equipment manual，BITE）、故障隔离手册和排故手册（fault isolation manual and trouble shooting manual，FIM&TSM）、故障报告手册（fault report manual，FRM）、工具设备图解清单（illustrated tool and equipment list，ITEL）等。这里之所以列出大量的英文缩写和英文解释，是因为航空公司太喜欢在这个领域使用英文符号来描述问题了。

定检时控的维修手册用于飞机定期检修时用，包括维修计划数据（maintenance planning date，MPD）、标准工卡（test cards，TC）、维修计划（maintenance planning，MP）等。

结构无损用的维修手册，包括结构修理手册（structure repair manual，SRM）、无损探伤手册（non destructive test manual，NDTM）、腐蚀防护手册（corrosion prevention manual，CPM）等。

用于飞机深度维修的维修手册，包括翻修手册（overhaul manual，OHM）、部件维修手册（component maintenance manual，CMM）以及由成品件供应商提供的厂商部件维护手册（vendor manual，VM）等。

依据上面的维修手册，飞机才能安全有效地飞行。

飞机制造商制造飞机只是一方面的能力，能够编写一套全面、科学、有效的飞机维护手册与飞机配套，才是完整的能力。2009 年，我赴法国达索飞机制造公司调研了达索的航空出版物的情况，看到的是一家规模很大的航空出版公司，那里对飞机维修重视的程度给我留下了很深的印象，它们充分运用先进的数字技术，采用可视化的动态维修过程编写飞机维修出版物，给航空运营公司带来了极大的支持。

结果与思考

飞机运营中，一套科学有效、有的放矢的维修手册，对航空公司来说是一份有效使用飞机的保证，对飞行员来说是一份安全飞行的信心，对乘客来说是一种安全旅行的保障。

案例 6.3　用户至上原则
——如何做好备件储备

1. 背景

飞机天天在天上飞，恶劣的自然环境和飞机使用时间的积累，必定会给飞机带来一些损伤，对于可以进行快速更换的维护，备件储备的有效性，不是小问题，是关系到飞行安全和航空运输公司的效率问题。

2. 主题切入

我曾经在山东太古飞机工程有限公司和厦门太古飞机工程有限公司分别进行过一段时间的专业培训，所见所闻，印象深刻，特别是飞机的备件储备，在大仓库里，琳琅满目，应有尽有。

3. 过程

飞机备件是保持和恢复飞机的设计性能和使用功能而对飞机进行维修使用所必需的零部件和成品件，是飞机使用、维修环节的重要物质基础。

飞机维护包括飞机结构与机械系统修理、飞机电子电气系统修理、飞机机械部件修理、飞机起落架部件修理、飞机动力装置部件修理、飞机电子部件修理、飞机电气部件修理等。

民用飞机备件通常是按照常用备件目录进行储备的，特殊需求件按照临时要求进行紧急订货来实施。

在结构修理手册中，结构维修的内容包括第五十一章结构部分标准施工介绍了结构部分需要进行的相关工作，依据这些工作要求，分别进行备件储备。门，主要包括门和维修盖板、登机梯等组件，如登机梯、货舱门；机身，主要包括机身的主要结构隔框、梁、桁条、蒙皮、轮舱、整流罩等；短舱，吊架，主要包括飞机发动机短舱和吊架的表层结构和承力结构；安定面，主要包括飞机水平安定面和垂直安定面的结构；窗，主要包括飞机客舱、驾驶舱、舱门上，应急观察使用的各类窗体结构，如起落架紧急观察窗；机翼，主要包括飞机机翼上和机翼舵面，前后缘装置的结构等。

另外还有机械系统、电子电气系统、机械部件、起落架部件、动力装置部件、飞机电子部件、飞机电气部件等，都需要配备一定的备件。

当然，还要根据飞机运营历史的经验数据，建立备件储备数学模型，根据飞机的使用环境条件，设置不同的配置清单，最大化的利用率和最小化的储存成本是备品备件储备的基本要求。

同时，对于备品备件的储存环境也有很复杂的要求，大部分备品备件可以在常温下储存，有一些备品备件需要恒温，对湿度也有要求等。

储存原则是以最大可能满足所有维修配件供应的最小储备。

结果与思考

飞机制造者必须要考虑飞机在寿命周期内的所有物资供应保障，通常情况下，用户对备品备件的要求迫切程度要大于生产线上对飞机零组部件的要求。

案例 6.4　"半夜机叫"惊眠人
——半夜被叫醒的质量负责人

1. 背景

飞机在天上飞是全天候的，出现问题也不是只挑白天出，因此，飞机制造商的质量负责人一天 24 小时都在绷紧安全风险那根弦。

2. 主题切入

质量负责人说："我晚上完全无法正常入眠，隔三岔五就会在梦乡里被电话叫醒。"

3. 过程

汽车在地面出现故障，可以安全地停下来，寻找原因，进行维修。而飞机一旦出现故障，在空中是无法踩刹车的，如果能够安全飞回来，带故障降落，那是飞行员的功劳，但是，任何飞行员都不愿意在飞行中遇到任何问题，就是飞机安全落地了，飞机也要停飞、检查、排故，再批准放行。

汽车出故障，一般不会直接与汽车制造商的质量负责人打交道，而飞机一旦发生状况，第一时间就会通知到质量负责人。

接到通知，飞机制造商的质量负责人会根据飞机出事程度的轻重缓急，在最短的时间内向有关上级负责人报告，并组织制造商的相关部门负责人成立快速反应团队，收集信息和情况报告，进行快速分析和决策，若有必要，则会以最快的速度赶到出事飞机现场，调研和解决问题。同时，也要对相同型号的飞机举一反三，制定后续工作的决策。

更要命的是祸不单行，也许在处理这架飞机的质量问题时，还有飞机在发生着另外的问题，作为质量负责人，必须具有极高的心理素质，随时处理航线上飞机所发生的大大小小的问题。

当然，在发生一些小问题时，会根据事故报送流程逐级上报，对于这些问题，质量负责人大可不必亲自出马，但是，对于大一些的问题，就是质量负责人的职责。

处理问题也有很完整的程序，这里就不展开讲了。

🔍 结果与思考

> 作为飞机制造商的质量负责人，要想睡安稳觉，就要在日常工作中，把企业的制造质量工作抓好，基本功做扎实，使交付给用户的每一架飞机都可以放心飞行。

案例 6.5　见怪不怪
——新飞机天天在报警

1. 背景

为什么新飞机天天在报警？到底存在什么问题？这里面有太多的可能性需要研究。

2. 主题切入

不知道波音和空客在将一个新型号飞机交付用户进行运营后，是不是飞机天天在天上不断报警，反正，国内的民机遇到了这种情况。今天是这个不该发信号的指示灯亮了，明天又是那个指示信号显示出错，尽管对飞行安全没有造成实质性的影响，但是，给飞行员造成的心理阴影不断放大。

3. 过程

造成信号异常报警的原因很多，很复杂，归类起来，有以下几类。

EWIS 设计原理原因。EWIS 是飞机上的电气线路，就像人身上的神经一样，在飞机上四通八达，操控靠它，照明靠它，信号传递靠它，地空通信靠它，机上媒体靠它等。与人类的神经相比，人类的神经已经经过亿万年的合理分布和适应考验，已经非常适应人类的运动行为了，而一个新型号飞机的这些"神经"尽管已经在实验室里进行过理论推演和试验验证，但是，对于真实飞行环境下的复杂情况，还需要各个工况的磨合和考验，飞行员在新型号飞机上飞行也是一个学习过程，因此 EWIS 设计原理是主要原因。

飞机制造原因。许多人认为，在飞机总装阶段，EWIS 的排布安装就是像家里装修那样，按图操作，把线束固定在机体结构上就可以了。其实，这种认识非常片面，家庭房子装修，房子是不会动的，一般情况下也是不会变形的，线只要排布整齐，不相互影响就可以了，而飞机不一样，它是在天上飞的物体，并且在飞行中又是会发生机体的剧烈变形的，所以，线束不但要固定牢固，也不能与机体结构有运动摩擦，也要相互间保持安全距离，特别是在走线拐角处，要符合理论上的要求角度。还有，飞机上的导线接头有许多，每个接头又都是网状针孔插接结构，每一根接线都不允许有虚接、错接等现象，接头针眼里也不允许有任何多余物的存在等。还有，线束与飞机电器成品件的端接有极其严格的要求，一旦接头有问题，要么传递假信号，要么烧坏成品件。

飞机成品件问题。飞机成品件常是由成品件供应商提供的，对于主制造商来说，成品件的质量控制往往是靠合同来约束的，而且，成品件内部结构和原理也是生疏的，所以，在分析故障原因时，一般是不会首先指向成品件的，但成品件出故障的现象也是层出不穷的。

飞机机体结构问题。除了机体的刚性和强度外，飞行过程中对于机体结构的考验，主要是各个活动面的协调性问题，该活动时要活动自如，该停止时，要令行禁止，不能有丝毫差错。

🔍 结果与思考

新型号飞机需要磨合。这种磨合分制造商内部实验室的原理验证，制造单位的生产验证，研制批飞机的试飞验证，即使经过了多方面的验证，交付到用户手里后，也会有一个航线上的运营熟练验证，经过几年的验证，一个新型号飞机才说得上成熟了。

案例 6.6 这里是飞机的服务之家
——为什么专门成立了一家实力结构庞大的客服中心？

1. 背景

中国航空工业建立自 20 世纪 50 年代，成立以来，各主机厂大而全，业务庞大，分工详细，主要注意力集中在飞机的制造方面，而对飞机的售后服务不是特别关注，仅有售后维修部门，远远没有建立起庞大的客户服务中心。

2. 主题切入

中国商飞的客户服务中心是在中航商飞原有的客户服务部基础上成立的，中航商飞的时候，飞机还在研制期，还没有销售到用户，所以，客户服务部的规模还没有很大。中国商飞成立后，随着各层负责人到波音、空客等世界上先进飞机制造商处的考察，逐步意识到飞机售后的服务关系到用户对飞机使用的信心，明确了没有设计就没有型号，没有制造就没有飞机，没有服务就没有市场的思想，就专门成立了一个中心级的客户服务机构。

3. 过程

中国商飞客户服务中心的建立也是一步步扩大规模的。

刚开始，以原新支线飞机公司内部的市场和售后服务为班底组成，在上海西南郊划了一块地，盖了几栋楼，办公室还坐不满。中国商飞经常利用那里的巨大会议室开大会，当时，交通极其不方便，还要坐出租车长途跋涉到那里。

刚建立时，只有一批管理层，负责着技术部、市场部、维修工程部以及一些政工部门，现在已经发展成为有 30 多个部门、1000 多名员工的大单位了。

一开始，只是支持提供飞机随机出版物，这些资料也基本上来自飞机设计院。

随着飞机即将交付客户使用，建立了培训机构——客户培训与运行事业部，包括空勤培训、地勤培训和飞行员培训，购置和研发了模拟机系统。

飞机交付客户后，根据需要，增加了飞行运行支援部、航材支援部、工程数据部、客户金融服务部、运行支持技术研究所等。

现在的客户服务中心已经成为国内最大的民机售后服务中心。

🔍 结果与思考

为适应航空市场的需要，根据国外飞机制造商的服务部门构建体系，结合中国国情特征，建立比较完善的客户服务是必需的。

第七章 质量与适航

飞机质量关乎飞机的安全和乘客的安全，建立正确的质量管理方法，对飞机的生产效率和交付合格率都有重要意义。飞机适航涉及飞机的安全与质量，合适的适航条例对飞机的设计与制造极其重要。

案例 7.1 时冷时热的质量管理
——飞机质量管理在制造公司的地位犹抱琵琶半遮面?

1. 背景

有人说，飞机制造的质量管理在公司的地位太低，应该提高地位，统领一切。这个观点在尤其重视飞机制造质量的今天看起来十分有道理，但仔细分析起来，又有些问题。

2. 主题切入

大家都说，飞机是设计和制造出来的，不是检验出来的。又说，高质量的飞机是通过严格的质量保证体系检验出来的，质量重于生命。哪句话更有理？谁能说明白？

3. 过程

在分析这些观点前，站在第三方立场上来看看飞机制造企业的发展历史和组成结构。

在飞机制造的发展初期，飞机的功能很单一，人们把飞机当作一种观赏的物品，只要飞起来，就能开眼界，很少有人期待着自己会坐上飞机在天上飞，那时候的飞机制造工程师主导一切，他认为飞机可以飞了，就完成飞机的制造过程了，当时，没有成体系的质量保证建制。

到世界大战时期，出于战争需求，军机成批量生产，开始有了标准化的要求，飞机生产过程中是否符合设计图样要求，光靠技术人员的判断和决策，显然有些不合适，于是出现了第三方的质量管理，有了飞机检验专业，建立了初步的质量管理规范。

第二次世界大战结束，飞机开始民用，载客和载货，一次次飞机事故的惨痛教训，引起了世人对于飞机质量的高度关注，于是，飞机制造企业开始重视飞机制造过程中的质量控制，并且建立了趋于完善的企业质量体系管理文件，要求飞机制造的任何生产活动都必须通过质量部门把关，再加上民用航空结构的适航条例出笼，代表大众对于飞机的生产实行了最严厉的管控。

20 世纪 40 年代，世界上出现了以欧美为基础的飞机制造管理体系和以苏联为基础的飞机制造管理体系，这两种体系最大的区别在于，苏联模式把飞机设计专业与飞机制造专业截然分为事业单位和企业单位，飞机制造工艺设计与飞机本体设计分别独立设置。苏联的飞机设计师发出飞机设计图样，交给工厂，工厂的工艺师进行飞机制造的第二次设计，即工艺设计，工人进行飞机制造实际是以工艺设计文件为第一基准的，而飞机设计图样只是作为参考依据。在苏制体系下，飞机制造部门的工艺师权力很大，他们决定了飞机的制造方法，甚至可以按照制造企业实际的制造能力要求飞机设计部门更改设计机构。在这样的工厂里，质量管理部门只是起到一个道路警察的角色，对于工艺制定的指令性技术文件，质量管理部门无权进行批准，因此，质量部门的地位要低于工艺部门。但是，在这个制造环境里，工艺部门的工艺设计第一类文件就是 AO/FO，在这类技术文件中，详尽地描述了飞机零部件制造时的具体操作方法，操作工人只要按照 AO/FO 去一步步操作，就能制出合格的飞机产品。

而欧美飞机工业则把飞机本体设计和飞机制造工艺设计合为一体，称为飞机设计工程部门，飞机制造企业收到的飞机制造文件由飞机设计图样和飞机工艺设计图样两个内容组成，飞机制造企业只要按照设计工程部门下发的技术文件进行生产即可，不需要再进行二次设计。虽然制造厂也设置了制造工程部门，但该部门实际上是工厂生产体系下的一个制造流程路线分工的生产计划部门，这个部门的人员（英文为 planner）根据工厂的生产设备能力，依据设计工程部门发出的制造飞机技术文件，把需要加工和装配的流程进行简单的路线划分，因此，在欧美的 AO/FO 里，看不到更加详细的制造工艺方法，常见的有"按图加工"和"按图装配"等字样，在这个环境下，赋予质量管理部门以巨大的责任，它们要负责设计工程技术文件在制造环境中的符合性实现。因此，在欧美制造体系里，质量管理部门的地位和权限远远高于制造工程部门，即存在制造工程部门编发的 AO/FO 都必须得到质量管理部门批准的现象，在处理制造过程中的技术问题时，制造工程部门没有任何处理权，只有质量管理部门有权开出FRR（故障和拒收报告），不经过制造工程部门，直接提交给飞机设计工程部门处理。

🔍 **结果与思考**

在我国成立独立于中国航空工业的民机制造公司后，就工艺的作用和质量管理的权限问题，一直在争论和探索，总觉得民机制造企业的工艺部门相比中航工业的工艺部门功力欠缺，没有话语权，从根本上分析就是一个生产体系下的计划员与极富工艺经验的工艺大师之间的较量，这个比喻也许不十分恰当，但事实就是如此。

案例 7.2　灵丹妙药失灵了
——为什么"双五归零"在飞机制造中归零不灵？

1. 背景

"双五归零"是指对生产现场所发生的问题按程序进行管理归零和技术归零。

管理归零指针对发生的质量问题，从管理上按"过程清楚，责任明确，措施落实，严肃处理，完善规章"的五条要求逐项落实，并形成管理归零报告或相关文件的活动。

技术归零指针对发生的问题，从技术上按"定位准确，机理清楚，问题复现，措施有效，举一反三"的五条要求逐项落实，并形成技术归零报告或技术文件的活动。

该术语和办法最初创建于中国的航天领域，中国商飞成立后，引入飞机制造行业。后来，随着形势的发展，又推出了"基于系统工程的双五归零""两透一控双五归零"等更新的提法。

可是，由于种种原因，在飞机制造中，"双五归零"执行起来，效果没有事先设想的那么好，尽管进行过多层次、多方法的归零培训，但"归零不灵""久归不零"的现象频出，给企业运作带来了许多困惑。本案例对此问题进行了客观的分析，从中得出其主要原因。

2. 主题切入

某日，公司质量安全专项检查组进驻制造中心，聚焦"久归不零、违章操作、无依据做事"等质量问题，开展为期两天的专项检查工作，专项检查型号项目批量生产和研制中涉及设计、制造、试飞、客服等领域的质量问题根本原因是否分析到位，整改措施是否落实到位，措施是否落实有效，各责任单位负责人班子是否对典型质量问题关注、是否按规定组织开展原因分析和整改措施制定并督促落实检查，重点督促公司质量问题纠正措施系统有效运行。

3. 过程

"双五归零"最初的培训是在公司成立伊始举行的，公司中层主要干部参加，总质量师主讲。当时的目的是针对飞机研制和批次中，重大质量问题归零的实施要求和职责，进行程序规定。在这次培训中，强调了"双五归零"是公司体系建设、自我完善、持续改进的需求，是借鉴航天的成功经验，对飞机型号设计制造全过程的技术归零和管理归零。指出"双五归零"是一种活动，输入是一种偏差，输出是一种措施、计划。

过了两年，发现归零问题落实还是不理想，在具体执行中，还是得不到应有的重视，因此，决定在公司强行推广"双五归零"，对全体干部进行集中脱产培训。在这次培训中，对近年来中国商飞的归零做得好的一些案例进行讲评，似乎这些归零程序做到了，现场问题就不再发生了，我越听越觉得不对，案例所举的例子都是我十分熟悉的一些现场技术和质量问题，明明还存在诸多问题没有查明原因，根本没有所谓的归零，当讲课老师问这些归零是不是在飞机制造中起了很大的作用时，我告诉这个老师，这些问题到现在为止都没有找到根本原因，怎么能说是归零呢？例如活动面问题等，一下子把老师问住了，老师问我，那这些问题没有解决，为什么飞机还在飞？我反问，为什么这些问题没有解决，飞机就不能飞？老师说，航天器发射，如果问题没有归零，就不允许发射。我说，航天器发射后还回来吗？飞机是可以原样飞回的。争辩过程很热闹，课堂上笑声不断，大多数人都是支持我的观点的，只是这个辩论没有正确结论，不了了之。

从最初的贯彻、培训，让大家掌握归零的方法和工具，到现在从严要求，看来，似乎不是"双五归零"这种方法自身出了问题，好像是归零的对象是否适合归零。

归零，从字面上讲，就是把曾经出现的客观事物的痕迹彻底找到，并从根上彻底解决问题，并制定同类问题的规避措施，使得在后续同样执行过程中，永远不出现类似问题。

看看飞机制造的实际情况吧。

飞机制造是一项庞大的、复杂的工程，从其制造的工艺过程和制造特点来看，它具有产品不可分解性、产品问题包容性、产品长期验证性、产品无法复现性、产品主要矛盾大于次要矛盾的妥协性、产品问题的表面现象和实质原因的差异性等。

从"双五归零"的发源地，航天器的制造和使用情况来看，一次发射的成功，其不带任何问题的放行是必需的，是强制性的，所以，一旦发现质量问题的存在，必须进行完全彻底的归零。而飞机制造过程中，存在发生问题后的"原样使用"特许环境，飞机可以在不影响安全飞行的条件带着问题上天，如果必须归零，则飞机研制会寸步难行。

🔍 **结果与思考**

任何一种理念都要结合行业实际情况才能取得效果，"双五归零"也要结合飞机制造实际情况，审时度势，采用和不采用相结合，才能够取得成功。

案例 7.3 该来的终归会来
——出现质量问题，要追查谁的责任

1. 背景

飞机制造中出了质量问题，往往追究与质量问题相关的直接责任者，那么质量控制和管理工作者的责任不要追究吗？

2. 主题切入

这是一个悖论问题，谁也不愿意出现质量问题，出了问题，如果处理质量管控工作者，则会打击他们的积极性和主动性，如果不处理他们，反而还觉得他们权力不够，进而提拔他们，则会出现更大的混乱。

3. 过程

其实，飞机制造过程中出了质量问题，有各种原因，工艺要求方面的错误设计、操作者的操作失误、设备方面的问题、质量控制过程出现的问题、工艺装备方面的问题，还有环境方面的影响等。

对于工艺设计和规划方面的问题，有工艺流程安排不合理问题，制造参数设置不科学问题，工艺方法不完善或有缺憾问题，有工艺描述不全面、不详细问题，有引用技术文件或标准不准确问题等。造成这些问题的责任当然是工艺部门，一切责任都由技术系统的负责人来承担，根据问题造成后果的大小给予有关人员进行相应的处理。

操作者的操作失误，这个责任原因比较复杂，最明显的是操作者缺乏操作技能造成的问题，除此之外，还有工艺设计错误引起的问题，操作标准不明确带来的问题，外在情绪和心理因素造成的问题，处理起来要有的放矢，因由而判。

设备方面的问题，包括选用设备有错误、设备功能达不到、设备精度下降等，其实，设备是制造飞机且保证质量的一个关键环节，如果设备出现问题，算谁的责任？设备管理部门？设备管理部门里的质量控制人员？

质量控制过程出现的问题，漏检、错检，或者检验点设置不合理等，这显然要处理质量管理部门了。

工艺装备方面的问题，工艺装备出问题就是大问题，一般情况下，工艺装备有一次合格、二次合格的过程，还要进行定期检修，在飞机制造过程中，工艺装备出问题的案例不多，如果工艺装备管理失控，则会成批地影响飞机产品的质量，工艺装备管理、设计、制造方面人员的责任重大。

还有环境方面的影响，产品在制造和运输过程中，因温度、湿度、震动等的影响，会出现预料不到的质量问题，在这类问题中，要具体问题具体分析，不可忽略不可知因素。

🔍 结果与思考

飞机制造出现质量问题，对谁来说，都不是一件光荣的事情，各个部门都要勇于承担责任，不要相互推诿扯皮，尤其是质量部门，波音、空客飞机出事后，首先追责的对象就是质量负责人。

案例 7.4　庙不同，住持不同
——Ⅲ级 CAB 主席应该由谁来担任

1. 背景

在飞机制造公司，Ⅲ级 CAB 是公司最高级的纠正措施组织，看似对产生的质量问题进行整改，实际上是从技术方面举一反三，这个组织的主要负责人应该由公司的哪个负责人来担任为好？

2. 主题切入

我历经中航工业和中国商飞两家大型企业，在中航工业，Ⅲ级 CAB 主席通常由工厂总工程师担任，在中国商飞的某飞公司，Ⅲ级 CAB 主席一直由主管质量甚至是主持生产的副总经理来担任，对比之下，我有很多感慨。

3. 过程

Ⅲ级 CAB 会议，在飞机制造企业，是解决飞机制造过程中出现的重大质量问题，大家知道，出现质量问题的根本原因，除了纯管理方面的原因，基本上都是技术问题。飞机制造厂技术方面的第一负责人就是总工程师，一般来说，负责生产或质量的副总经理要么是生产管理或质量管理出身，要么是行政管理出身，或者是经营管理出身，在技术经验方面要远逊色于总工程师，从而在举一反三进行相关问题的联想时，也缺少总工程师的高度敏感。

在中航工业各企业内，任命总工程师为Ⅲ级 CAB 会议主席成为大家的共识。特别是几家大型主机厂，由于总工程师的主导地位，在每季度召开的Ⅲ级 CAB 会议上，从点到面，总工程师挥斥方遒，指点江山，引导大家讨论，集中决策，就如同战场上指挥部的司令员，一举一动让人尊敬，令人崇拜，简直就是飞机制造战场上的一门艺术，大家随着总工程师的指挥棒合奏一曲曲企业奏鸣曲。我也在这种氛围内学到了飞机行业各专业的很多实践经验，终生受用，也为我撰写该案例集奠定了基础。看似有些案例的言辞比较犀利，但观点没有大的错误。

2008 年，我到了一家新成立的企业，当月就参加了厂里的Ⅲ级 CAB 会议。会议开始，看到主持会议的竟然是生产副厂长，我一头雾水，当时就问旁边的同事，怎么生产副厂长是Ⅲ级 CAB 会议主席？同事说，对呀，怎么了？我说不应该是总工程师担任这个角色？同事说一直是这样子的。会议过程中，议题有好几个，基本上都是由技术问题造成的，并且都是长期议而不决的问题，其中一个问题甚至已经存在有 14 年之久！对于每一个问题，基本上都是会议主持人挨个批评相关部门负责人，相关部门负责人纷纷为自己辩解，最后基本上都是不了了之，悬而未决，留给下一次会议继续讨论。我想，如果由总工程师来主持这个会议会好些吧。会后，我找到了主持会议的这位生产副厂长，问他为什么不是总工程师来决策一些重大技术问题，他解释说，多年来，这个厂就是这样的安排，让我在这里工作一段时间后慢慢了解，谈话到此为止。

🔍 结果与思考

　　合适的人做合适的事情，会使一个团队、一个项目取正向前进，但不合适的人去做不合格的事情，结果会怎么样呢？

案例 7.5　一个可要可不要的"重要"组织
——Ⅱ级 CAB 为什么发挥不了作用

1. 背景

公司Ⅲ级 CAB 下面有Ⅱ级 CAB 组织，是公司内部以专业总师为主席的二级组织，处理Ⅰ级 CAB 提交的问题和Ⅲ级 CAB 布置的工作。

2. 主题切入

为什么这个组织夹在Ⅰ级CAB和Ⅲ级CAB之间,往往发挥不了它应有的作用?

3. 过程

Ⅲ级CAB是由企业负责人为会议主席主持的最高级别的CAB会议,企业负责人掌握着大量的资源用于处理任何问题,可以奖励,可以惩罚,可以立项,可以撤销立项。

Ⅰ级CAB是车间或部门内部的CAB组织,部门的正职为会议主席,正职手中掌握着本部门的关键权力,安排任务是雷厉风行,执行起来是抓铁有痕,处罚起来是刀刀见血,在这个组织内没有解决不了的问题,即使解决不了,也可以向上推到Ⅱ级CAB组织或Ⅲ级CAB组织,让它们解决。

而Ⅱ级CAB组织主席一般为型号总工艺师或总质量师,这两个位置在企业内往往是有责无权职,手中没有任何资源可以利用,只有靠自己的人品和经验来工作。公司规定,Ⅱ级CAB组织的会议,必须由各车间或部门的负责人参加,但这些负责人们知道Ⅱ级CAB组织的实质内容,一直是派一位部门或车间的闲人来开会,在会上一般是一问三不知,虽然代表部门来开会,但根本代表不了部门做出任何决策。我当了六年多Ⅱ级CAB主席,每次会议上全凭我的丰富经验给大家分析问题,指出解决问题的措施和办法,但我知道,这些代表们就是回到本部门,也无法贯彻我的决策,因为部门负责人往往从本部门的利益出发,不愿意主动多做改进的工作。一共开了67次Ⅱ级CAB会议,基本上都是在给参会的年轻人讲课,让他们知道,飞机制造中会遇到很多意想不到的问题,遇到什么样的问题,如何进行分析和解决,我向他们传输了大量经验。

结果与思考

作为一个运转高效的企业,合理分配权限和资源对于企业的发展尤为关键,权力向两头过于倾斜,必然会无法发挥中间环节的积极作用,问题会在过程中大量积压,长期无法解决。这是我多年的工作体会。

案例 7.6　两家人说一家话
——质量与适航的关系

1. 背景

在商用飞机制造单位,有质量部门,有适航部门,它们之间的关系如何?

2. 主题切入

质量是企业组织内部自发的行为，质量部门主管全员参与的制造过程质量，目的在于顾客满意、组织和社会受益、产品长期成功。适航是国家代表大众的安全对飞机制造企业提出的强制法规要求，是民机投入市场和运营必过的一关。

3. 过程

安全性是飞机的一个重要属性，特别对民用飞机来说，更是与每一个民众关系密切，为保证飞机安全，在飞机设计、制造、使用及维修的整个过程中，保证飞机满足最低要求的所有技术和管理活动就是适航活动，是保证飞机飞行安全的最低要求标准，是通过法规确定的，带有强制性的量化要求。

而质量关注的是产品包括服务的品质程度，质量需要第三方认证机构进行体系资格认证，代表企业已经具备保证产品固有品质的能力，并向社会通过公报等形式进行公布，增加公众对企业的信任度。

在管理体制方面，适航管理是政府代表公众的利益对飞机制造企业进行强制性要求，适航管理强制要求企业既要建立过程控制体系，更要向政府提供设计、生产对适航要求这一专用的安全技术标准的符合性证据，来达到飞机适合飞行的最低安全特性。质量管理是公众与飞机产品（包括整机与零组部件以及成品件等）提供者之间建立的、通过第三方认证认可的一种合约关系，质量管理通过在企业内部建立过程控制等质量管理体系来保证提供的产品达到公众满意程度。

在对产品的要求方面，质量关注的是产品不能出现和预期不一致的情况，一般是通过设计符合性和制造符合性的指标来量化的。而适航不仅关注产品不能出现和预期不一致的状况，更关注如果发生某种预期状况或预期不一致的状况后，飞机必须要有能力继续安全飞行并着陆，而涉及发生危害到人身安全的概率指数要小于 10^{-9}，这是一个强制性指标。

因此，质量是自我行为，适航是外来行为。

结果与思考

虽然都和飞机的质量有关，但质量是企业的主动行为，关系到企业的产品被公众接受的程度问题，适航是政府对企业强加的规范行为，是企业生产的飞机能否走向市场的问题。

案例 7.7　出发点是好的

——供应商的产品质量靠质量通知单就控制住了吗？

1. 背景

在供应商的产品出现质量问题时，按照惯例，主制造商往往发出一张质量通知单，告诉供应商，出现问题了，你们要整改，就没有下文了。

2. 主题切入

这种事情常发生在强势的供应商与弱势的主制造商之间，其中既有能力因素，也有心理因素，分析起来涉及企业的整体能力问题。

3. 过程

出于工作责任心，我常在公司网上打开"质量通知单"进行研究，每看一次，都有一种"这个问题谁在追踪，结果是什么"的感觉。

通知单的第一部分，描述发生了什么事情；第二部分指出，按照某某规定，这件事情不符合此规定；第三部分，请于某年某月某日前给出整改措施，并在某年某月某日前整改完成，保证以后不再发生类似问题。

每次公司开会，质量管理部门就会汇报本季度发出多少质量通知单，有多少回复，又有多少结果等，我几乎没有听到过本季度所发质量通知单全部有了改进的结果这样的话，基本上都是在无奈地画饼，说这个供应商不予理睬，那个供应商没有整改措施等。

到底发生了什么？

质量通知单发出后，发出部门一般不去供应商那里落实和跟踪，而是交由驻供应商代表室去负责落实。但代表室是由公司采供部门派出，与发出质量通知单的部门不是一个部门，这个任务代表室不是不接受，而是接受下来并不当作第一要务去处理，代表室还有代表室的日常工作。等到代表室弄清楚通知单中的事情来龙去脉，已过了一个周期了，再由并没有多大实权的代表室去处理这些问题时，效果已经开始打折扣了。

那么质量通知单的发出部门为什么不出面去供应商那里直接处理？一是，中间有个代表室，按照职责，代表室应该去处理，质量通知单发出部门不能越过这一层。二是，质量通知单有很多，其实里面大部分问题是技术问题，质量管理部门直接去处理技术问题也不妥当，况且，质量人员的技术水平不足以代替技术部门去制定什么决策。三是，过去不是没有就质量通知单去过供应商那里，往往效果不大，供应商有很多理由反驳，主制造商无能力舌战群儒。四是最根本的问题，有些问题是主制造商先天工艺设计不足造成的，对很多问题没有制定无懈可击的工艺方案，使得供应商在总方案的框架下，屡屡出错，这个问题很难解决。

因此，在基础不牢的情况下，单靠质量通知单是无法根治供应商出现的问题的，只有老老实实地深入供应商生产一线，长期奋斗，长期攻关，才能把问题彻底解决。

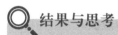 **结果与思考**

单向思维会给内部负责人提供不实的情报，从而与亡羊补牢失之交臂。

案例 7.8　不得其解？
——停产 10 天带来的启示

1. 背景

某日，某企业被适航当局行政性强制停产 10 天，引起国内外航空界震动。

2. 主题切入

这是一个航空制造行业最典型的案例。停产的原因很明确，现场操作出了问题。

3. 过程

这件事发生在民机制造产业，面对的是公众群体，想藏都藏不住。

作为资深专家，我被邀请参加了这个整改活动过程中的把关。甚至有一天晚上熬了一个通宵没有回家，逐个评审由相关部门整理的应付适航当局的材料。不说这些材料如何，单就这次停产来说，对某飞的教训可是太深刻了。

在这之前，有过几次停产，一般情况下就是三天或者五天的，都不算长，但这次一下子停产 10 天，可是创国内航空制造行业的停产天数记录新高了。停产是停止与飞机生产相关的一切活动。不但主制造商方面停产，牵涉到机体供应商的生产线也必须全面停产。这是一次涉及全型号的大面积停产。

先不说这次停产的原因是什么，最应该讨论一下的是，这次停产给了航空制造以什么样的启示和教训。

全公司、全型号停产 10 天，说明不是个别点上出现问题了，而是体系出了问题，体系分公司管理体系、质量管理体系、设计管理体系、工艺技术体系、生产管理体系、采供与物流管理体系、公司培训体系等。说明局方对公司的各种体系都有意见：是不是公司对民机生产的规律还缺乏深刻理解？是否质量管理体制在一些地方出现了失控？是否设计对生产现场的支持不到位？是否制造工艺出了颠覆性的错误？是否生产系统的生产节奏不符合飞机生产要求？是否操作者对工作方法不熟悉？是否采购过程和物流运输中对产品的操作出了问题？是否各类岗位培训不到位或者培训失效？等等。

在 10 天停产末尾的更改对话会上，局方一再强调，此次整改，不许处理具体操作者和具体技术员工，要全面检查公司体系中存在的漏洞和短板。

这其实是一次特别好的眼睛向内、自我修心的机会，局方并没有借题发挥，造成巨大的社会影响局面，企业只要把改进工作的具体措施向局方汇报就可以了。

应该的思路是：①认识到自己的错误；②对自己的工作成绩不提或轻描淡写地提一下，重点剖析自身存在的问题；③对于局方提出的问题必须举一反三，立刻改正；④后续把整改证据提交局方验证。

停产是一次警告，是一次信任度的下降，作为被停产方，抓住机会，提高自己，变坏事为好事，这是对企业经营者的考验，是对员工一次很好的教育。

结果与思考

停产 10 天是对公司影响严重的历史性事件，恢复生产后，公司上上下下围绕整改的措施，都要反复落实，重复验证，引以为戒，吸取教训，在此基础上，更上一层楼。

案例 7.9　这里管理有讲究
——论主制造商对供应商质量控制的方法和步骤

1. 背景

如何对供应商的生产质量进行控制，是一个重要问题。

2. 主题切入

在这方面，波音做出了榜样。

20 世纪 90 年代初，我在某飞负责外协生产项目，我负责的项目有波音项目、空客项目等，在几年的项目管理中，我深刻体会了波音、空客这样的主制造商是如何强有力地对供应商进行质量控制和管理的。

3. 过程

21 世纪初，某飞给波音生产的产品，在没有得到波音授权的情况下，进行了打磨返修，被波音驻该飞质量代表发现。由于违反波音有关质量管理规定，波音给某飞亮出了黄牌警告，要求某飞从高层开始重视，自上而下进行整改，随后，特别要求该飞总经理到美国波音西雅图总装现场，把发生的问题向波音高层解释清楚，并承诺不再发生这种现象，同时对质量管理进行完善。

但是，就在这个时候，波音代表再次发现某飞有不按规定进行的返修操作，随即，波音公司启动了对该飞的红牌处分程序，红牌意味着波音要对某飞被波音批准的质保体系进行吊销，那也就是让某飞停止波音项目的一切生产活动。这是某飞从 20 世纪 80 年代初给波音生产转包零部件以来受到的最严厉的处理措施。这就是一个强势主制造商对供应商的管理手段。

波音代表表示，按照波音的规则，供应商在一年内累计发生 5 个不符合项问题后，波音会自动给供应商发出黄牌警告，而不需要提前通知供应商，波音亮黄牌就是给供应商一个整改的机会。如果在供应商整改阶段，改进行动缺乏有效措施，或再次出现持续性不符合项，波音就开始启动对供应商的红牌程序。那么，供应商高层已经知道了波音的质量要求，还没有明显改进效果，波音就认为这个供应商失去了对产品的质量控制能力，只有停止生产主制造商的产品，并由供应商对合同损失负所有责任。

我们的主制造商对供应商的控制也应该是这样的过程，但可以分步骤实施，循序渐进，由浅入深，最后实现强制控制。

结果与思考

我们的主制造商能否像波音一样来控制供应商的产品质量？这是值得研究的大问题。

案例 7.10 水土服才身体健康
——中国适航条例的来龙去脉

1. 背景

一提起适航，大家都知道，这是一件很严肃的事情，它关系到飞机的设计和制造，关系到飞机的安全与质量，马虎不得，了解一下国家的适航条例的来龙去脉，有利于适航条例的落地贯彻。

2. 主题切入

通读中国民用航空局（Civil Aviation Administration of China，CAAC）的适航条例《正常类飞机适航规定》（CCAR-23- R4），会发现适航通篇只讲到了飞机设计，而对飞机制造却几乎没有涉及，难道飞机能从图上起飞？这里面一定有遗漏之处，作为航空工业人，罕见有谁对适航条例圈圈点点，今天，鄙人斗胆剖析一下中国的适航条例。

3. 过程

第二次世界大战后，世界上庞大的航空工业大部分转向了民用，在英国的德•哈维兰公司的彗星号飞机发生了 6 次重大解体爆炸事故后，如何保证民用飞机的安全性，引起人们的重点关注。为此，美国于 1958 年成立了美国联邦航空管理局（Federal Aviation Administration，FAA），其隶属于美国交通运输部，负责制定民用航空管理法规文件，生成法规性文件和指导性通知两大类，法规性文件又分联邦航空条例（FAR）和技术标准规定（technical standard orders，TSO），对所有在领域内参与民用航空活动的航空器和相关设施设备、人员实行准入审查许可，对相关工作流程做出了严格规定。后来，欧洲也成立了欧洲航空安全局（European Aviation Safety Agency，EASA），统一法规和标准，统筹协调欧洲民航飞行活动空域。几十年来，FAA 和 EASA 成为世界上最权威的两大体系。民用飞机一旦取得这两个型号合格证，就意味着获得了国际市场的通行证。

CAAC 主要借鉴了 FAA 的 FAR，编制了自己的条例体系，包括行政管理程序、航空人员、空管、机场、飞机搜救与事故调查共 80 余部条例和规章，其中运输类是 CCAR-25 部，发动机是 CCAR-33 部，材料、零部件和机械设备是 CCAR-37 部等。这套体系这些年已经在中国的若干型号飞机上磕磕碰碰地历练过，推动了民航局方的适航审定工作，积累了大量的经验。

偶然一次机会，我作为评审专家，参加了中国民航科学技术研究院（航科院）的一个国家级课题评审，会议期间，谈到 CCAR 的来历，航科院的一位负责人告诉我，中国局方的 CCAR 移植自美国的 FAR，起先是航科院负责翻译的，然后转交给审定中心使用，从目前局方使用的 CCAR 条例文本来看，基本上参照 FAA 的条例，没有进行大的改变。

这下就清楚了，由于美国的航空工业体系与中国的航空工业体系在很多方面存有差异，过多参照 FAA 的原文条款，一些方面会难以适应中国航空工业的实际情况，在局方对飞机的设计和制造进行监控过程中，出现无法达到有的放矢控制产品的制造符合性的现象，甚至无法对飞机制造过程控制的全覆盖也是可想而知的。

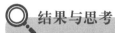 **结果与思考**

　　适航是一项严肃和科学的工作，针对性越强，控制效果越好，考虑越全面，控制方和被控制方双方的工作越通畅。

第八章 供应商管理

在现代飞机制造中，普遍采用"主制造商-供应商"的管理模式，这种管理模式如果不能理顺，则会出现混乱无措的局面。

供应商给主制造商提供的产品，其质量和进度决定了主制造商最终产品的质量和进度，因此，供应商的生产过程出现的问题必须得到及时有效的处理。

案例 8.1 弱势管强势？
——我国的"主制造商-供应商"情况如何？

1. 背景

国内几家航空工业公司，目前均采用"主制造商-供应商"的管理模式，这是世界潮流的通常模式，与国外波音和空客的模式相比，国内的"主制造商-供应商"情况如何？有很多问题值得研究。

2. 主题切入

历史上，一般把合同的双方称为甲方和乙方，在 20 世纪 80 年代，中国航空工业为波音和空客公司生产飞机零部件时，合同中出现了两个新的名词，一个叫"主制造商"（major manufacturer），一个叫"供应商"（supplier），从此，国内航空工业知道了"主制造商-供应商"模式。

波音和空客把一些飞机零部件制造转包给其他国家来做，主要是为了企业摆脱"制造生产"这个需要高负荷才能出效益的"负重"环节，降低产品生产成本，增强企业应对市场变化的实力，同时，加强企业对产品、技术创新的资源保障和支撑能力。

尽管波音和空客有时也把一些研发工作承包给其他国家，但作为曾拥有完整的研发和供应链体系的波音或空客，之前飞机的所有的主要部件都是自己做的，飞机的核心技术、技术标准、重要专利等都在自己手里，因成本而减负，能力从来没有失去过，也就是说，波音和空客有足够的能力和技术去协调供应链、去解决制造中的所有难题。波音和空客就是供应商的老板，绝不会在技术和供应链上由供应商牵着鼻子走。

3. 过程

国内有两家独立的飞机制造大公司，都在实行"主制造商-供应商"模式，例如，中航工业内部的主机厂，大多是具有大而全完整的研发体系，多年来经过了辅机厂为主机厂配套的管理历练，随便拿出一家主机厂，都可以无障碍地推行类似波音空客这样的"主制造商-供应商模式"，而新近成立的商用飞机公司，却因研发体系中缺少许多环节，基础技术缺乏扎实的根基，所以，作为主制造商就欠火候，出现"弱主强供"的局面。

出现"弱主强供"现象的根本原因就是原来的参研关系变化成主供关系，在这种自我角色发生根本上的改变后，各自对对方的态度有了微妙的变化，没有了过去的那种兄弟般的依靠，失去了缺资源找组织要的方便，这样就明显暴露出主制造商制造经验方面的缺乏，技术方面的短板，基础管理方面的根基不扎实，供应链方面缺少很多关键的环节等。如果从技术层面上分析，一是缺少通用的或者说显性的技术，也就是原理性的知识，在一定程度上具有公开的、书本上的理论知识；二是缄默的或者说隐性的技术，它是指基本原理通过多人、多年、多实践历练和衍生出来的各种诀窍和操作细节，而这些诀窍和操作细节从书本上是无法得到的，获得的途径只能是实践。后者正是"弱主强供"中主制造商弱的明显特征。

解决这个问题，必须要有"永不放弃"打持久战的长期准备，不要指望三五年就可以改变现状。

第一，面对现实，要虚怀若谷，谦虚使人进步，虚心承认自己的不足，充分利用国家集中精力办大事的优势、市场经济的实惠，走出去，请进来，借助国内同行的经验来丰富自己，在对待供应商方面，要宽以待人，在对待自己方面，要严于律己。

第二，不要因自己缺少经验而刻意回避供应商方面出现的复杂问题，特别是在供应商现场，不敢大胆处理问题，而是将问题带回，最后的结果就是不了了之。如果此类事情成为常态，那么飞机制造就会走向悬崖。决不允许这种事情发生，这是一个自信心问题，也是一个公司生死存亡的底线。

第三，从零做起，在飞机制造全实践链条上建立主制造商自己的研发体系环境，多试验，多积累，多整理，苦练内功，在自己做好做精的基础上，再把高密度劳动力的工作包，转包给供应商生产，尽管对某一型号来说，研发时间长了一些，但后期进入批量生产会快很多。当然，这要求根除"急功近利"思想，克服短期出成果的摘桃子观念，踏踏实实把中国的大飞机从国家工业基础方面做起来。这需要几代人的努力。

第四，"主制造商-供应商"模式对主制造商提出了更高的要求，在不断充实自己技术的过程中，必须警惕飞机制造行业重蹈我国汽车行业"以市场换技术"

的覆辙，在"对标国际，对标一流"的口号下，要小心踏入"关键技术黑名单"的陷阱，要不崇洋媚外，坚持立足于制造中国人自己的大飞机，建立具有中国特色的飞机技术和管理体系，保护好自己，反制于外胁。

第五，心胸开阔，团结一切有利于发展中国航空事业的力量。把正确的人用在正确的位置，让能干事者有动力，肯干事者有机会，不给南郭先生们提供任何生存的土壤，树企业正气，立制造新风，早日做大做强。

🔍 结果与思考

不要刚出生就要做"老师"，必须经过九年义务，十年高修，二十年磨炼和沉淀，才能做"好老师"，让他人服你。

案例 8.2　高调做事，低调做人
——供应商如何对待主制造商？

1. 背景

当主制造商还是一个弱主制造商时，在发展的路途上会遇到什么？这个问题包含两个方面：一是国外的供应商如何看待弱主制造商，二是国内的供应商如何看待弱主制造商。

2. 主题切入

制造商用飞机是一项世界级工程，无论是否愿意，必须与国内外最优秀的供应商打交道，弱主制造商就像一个还没有毕业的学生，如何与学富五车的专业老师沟通？首先，要看你是以一种什么样的姿态来让对面的老师不欺负你。

3. 过程

面对强大的供应商，态度决定了产品命运。

你自以为别人在为你打工，以一种傲慢的、居高临下的态度出现在供应商面前，供应商该怎么对待你？在这样的情况下，供应商尽管也会给足你面子，但绝对不会把它们的核心技术透露丝毫。

你自以为很弱，在供应商那里低三下四，唯唯诺诺，不敢坚持自己正确的原则，你明知自己不懂，但是，怕在供应商面前丢面子，不懂装懂，这样，你自己不自信，供应商也不会给你自信；相反，你深知自己的不足，以一种谦虚的态度，十分尊重供应商，如果你面对的是一个具有诚信的供应商，他看你是一个德位相配的客户，他也会开诚布公地指出你的问题，会诚心地帮助你解决问题，他会尽最大努力做好你的产品，因为他在做你的产品时得到了充分的自信，他希望能和你长期做生意，因而，你的产品质量可能会比预期的还好。

我常年与供应商打交道，总结了几点经验如下：一是在遇到问题时，先站在供应商的角度考虑问题；二是丰富的实践经验往往能达到点石成金的效果，令供应商服气；三是处理问题的态度是温和可亲，不盛气凌人、居高临下；四是在供应商解决问题时，给予积极的支持和后援。

在羽毛还没有丰满时，低调面对供应商是办好事情的开端；即使羽毛丰满后，谦虚谨慎也是不可缺少的基本素质。

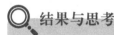 **结果与思考**

> 高调做事，低调做人。对于主制造商与供应商的关系来说，道理同样适用。

案例 8.3 实力换来尊敬
——一次颇有趣味的供应商现场问题处理

1. 背景

由于工作关系，我经常深入供应商现场处理问题，遇到了很多值得反思的问题。

2. 主题切入

主制造商与供应商的关系本身就是合同的甲乙双方，大家清楚，甲方在合同的执行中处于用户方，正常情况下，乙方总是以满足用户的需求为目标，但当用户在乙方心目中的能力和水平得不到充分认可时，甲方所遇到的乙方就不一定会有好眼色对待你了。我曾经遇到过这种情况。

3. 过程

某年某月某日，我来到某供应商生产现场，对一个因为焊接技术问题而导致飞机零件经常出现不合格品的事件进行处理。

这个问题据说存在已久了，客户来了很多次，往往看看就走了，乙方见长期解决不了这个问题，也就失去信心了。

此事如果不彻底解决，直接影响飞机的适航取证。在这种情况下，公司派我这个疑难杂症的终结者飞赴供应商现场了解情况和解决问题。

记得那一天，因为航路管制原因，飞机起飞晚点了六个小时，到目的地机场，已是凌晨 2 点了。机场到宾馆的道路倒是畅通无阻。只是睡下时，已经是东方发白，鸡叫头遍了。

第二天早上，供应商也不管我是否休息好了，安排汽车把我接进厂里，直接拉到生产现场，看来供应商是想赶快解决这个问题。

在一件已经焊接完的产品面前，我仔细查看了产品的结构和焊接的情况，产品是铝合金材质，由几块板件组焊而成，从焊缝不均匀的程度上看，是手工焊接，并且是由并不熟练的操作工进行焊接的，特别是焊接后几块板的相对位置偏差较大，判断是没有采取带夹紧定位的焊接夹具来定位产品元件，另外，从焊接结果来看，焊接后的热膨胀变形很明显。

一开始，到现场配合的焊接车间工艺员见是主制造商的团队"又"来调查质量问题，一副没好气的样子，当我询问几个问题时，不爱搭理的态度十分明显，因为有前面好几批人员来都解决不了这个问题的前车之鉴，所以，他也并不看好我的出现能够药到病除。

在询问和直接查看现场的情况后，我觉得我心中有数了。第一步，设计和制造合适的焊接夹具，我在随身带着的工作笔记本上用钢笔画出了一张工装结构三维立体图，在适当位置标注了定位夹紧装置，随手把这张草图递给了供应商的工艺员，他看着这张草图，眼睛一下子睁大了，面部表情立刻充满着不安和尊敬，他悄悄地问和我一起同行的总部负责人，这人是谁？负责人告诉他，此人是负责这个型号的总工艺师，并且几句话描述了我的工作背景和经历，工艺员肃然起敬，马上向我请教改进工艺的关键办法。我告诉他，第二步是在有焊接夹具的基础上，采用他们现场已经拥有的自动焊接设备进行焊接，不再采用人工焊接的方法。第三步，焊接时，为避免焊接应力变形，焊接顺序要进行工艺设计，还要对产品进行降温保护。这样就会具备生产出合格产品的基本条件了。

听了我的这些措施，工艺员如获至宝，赶紧在他的笔记本上记录下来，承诺一定要按照我的方案进行改进，并且承诺要把改进的结果在第一时间内向我报告。现场的其他人员，看到我很自信地提出一整套完美的解决方案，脸上也都出现放心的笑容。

一段时间后，我接到消息，供应商交付的这项产品已经完全合格，再没有出现质量问题。

过了一些时间，我再去该供应商处时，那位工艺员说他的这项工艺改进，在厂里引起轰动，获得了质量进步奖。

结果与思考

在我看来这是一件不算大的工艺技术改进，但解决了长期困扰供应商的疑难问题，于是合同甲方的形象就会很正面地树立起来了。

案例 8.4 优化成功与否重在落实效果
——供应商如何落实设计优化?

1. 背景

供应商落实设计优化是一件严肃的事情,直接关系到飞机的构型管理问题,在这个问题方面,是松是紧,后果大不一样。

2. 主题切入

飞机研制和小批量生产是对设计思想的实物验证,在这段时期,设计根据制造情况对其设计图样进行优化更改是一种惯例,波音如此,空客也如此。

3. 过程

在供应商那里如何贯彻和落实设计优化涉及方方面面的问题。

第一,是网上发放平台的流程耗时问题。设计发放技术文件到供应商,要经过一个并不流畅的渠道,不是直接点对点发放,要经过近 50 个签字批准环节和经制造中心的档案部门接收、发放。好不容易出了主制造商的门,作为接收方的供应商还不能直接使用,因保密关系,还要在供应商处进行审查后,转换到供应商自己的网络平台上,这中间还有一个时间耗费环节。在供应商的内网平台上,存在着二次建立分发路线、层层批准的问题,到了供应商基层工艺手里,已经又过了很久。

第二,是供应商收到设计优化的同时,自己的在制品如何处理的问题。收到主制造商的设计文件,工艺员要对原先已经在进行制造的在制品进行跟踪调研,摸清楚在制品的可代替性情况,然后向主管负责人汇报。主管负责人再在本公司项目周期例会上,向项目部门汇报在制品能否代用的情况。项目部进行汇总,定期给主管领导报告设计更改带来的项目管理障碍,并请主管领导进行决策。主管领导根据合同情况进行认真的分析和判断,最后做出是否有条件落实更改的决策。再由项目部通知主制造商项目部门,这次更改可以贯彻了,或者拒绝更改。

第三,设计优化与供应商的合同交付矛盾问题。设计优化更改必定会带来诸如材料更改、结构更改、尺寸参数更改、工艺设计更改等因素,随便哪一项更改,都会涉及成本的增加。涉及成本问题,必定要重新谈判合同,重新谈判合同是一件双方都会不愉快的事情,主制造商当然不愿出太多的钱来贯彻更改,供应商狮子大开口也说不定,很多设计优化就是因为合同达不成一致意见而放弃。也有为了飞机性能需要,主制造商甘愿不惜出巨资进行合同补偿的情况。

第四，设计更改贯彻的现场跟踪和信息反馈问题。在供应商答应进行设计更改后，所进行的活动无异于一次成规模的小型研制，在这种情况下，主制造商必须组成强有力的联合团队奔赴供应商现场进行更改跟踪和配合，及时处理在贯彻设计更改过程中随时出现的综合问题，例如设计协调问题，材料和成品件提供问题，工艺技术问题，生产计划，质量问题等，当年波音和空客的项目就是这样做的。

第五，优化的迭代令供应商疲惫不堪，总是处于研制过程，增加成本。经常出现前一个优化过程还没有走完，紧接着后一个优化代替前一个优化的设计更改扑面而来，这谁受得了？本来就在前一个更改过程中花费了大量人力、物力和时间，现在又要推倒重来，太难了。相当于供应商在这个问题上，一直在和主制造商一起进行研制，这成本增加是免不了了，主制造商白花花的银子的保供，也是理所应当的了。

第六，设计优化与物资保障问题。设计更改常会带来物资的变化，而物资的变化一般都是由主制造商负责解决，因为靠供应商去采购新的物资，渠道不通不说，质量能否保证也是一个大问题。如果主制造商提供物资，从主制造商内部管理上往往出现在保证方面先内后外的不一视同仁的现象，供应商经常会因为不能拿到主制造商提供的物资而延期交付产品。

第七，设计优化与型号制造信心问题。太多的设计优化，往往会给合作的供应商造成该型号老是有毛病的印象，其生产积极性就会受到影响，我曾经遇到过一个供应商把干活的骨干力量都抽去干自己的型号飞机去了，主制造商的飞机生产现场竟然空无一人，这说明供应商对这个型号的制造失去了信心。

结果与思考

在供应商处落实设计优化，无异于修改合同，是一个十分复杂的事情，一定要慎重进行。

案例 8.5　数字成海，作用如溪
——无休止地让供应商对产品进行数字化测量，结果如何？

1. 背景

一旦发现供应商交付的产品有问题，有些人的做法不是第一时间深入供应商现场去调查研究，了解和收集第一手资料，而是一句话，进行数字化测量，看结果。

2. 主题切入

这是很值得思考的问题。一次一次由供应商费力费时测量的数据，往往到了主制造商手里就石沉大海，再无下文，这是供应商常在我面前抱怨的话。

3. 过程

这些事情一般是发生在供应商交付的部件上，要运到主制造商这里进行全机装配。在供应商处的首次交付中，在运输途中，在主制造商处的卸货过程中，在车间存放等待过程中，在进行对接过程中，都会发生很多意想不到的变化。

飞机产品具有弱刚性，生产过程中产生的内应力分布不可控性，外形易变性，工序间运输时环境影响的不可预测性，协调复杂性等特征。

环节如此之多，光靠在供应商那里对还没下架或者刚刚下架的产品进行数字化测量，根本无法全面反映产品的过程变化情况，因此，一般情况下，供应商那里给出的测量数据都是符合工程要求的，并不能回答在主制造商这里进行装配时所发现问题的根本原因，主制造商得到的数据实际上是没有现实意义的，在这种情况下，那些一直迷信用数字化技术来处理千变万化的飞机生产现场问题的方案，是靠不住的。

要正确认识数字量传递技术目前在飞机制造中的实际作用和真实水平，要面对不同的型号开展不同的工艺工作。例如，某型号机目前是以二维图样为制造依据的，并不是一款全数字定义的飞机，如果硬要采用数字量传递，则会出现大量互换协调问题不能有效解决，以致严重影响飞机的批量生产进行和安全运营。先进的技术和理论必须与生产实际相结合才会取得最有效的成功。

🔍 **结果与思考**

近些年来不切合实际地追求数字化的无所不能，客观上淡化了基础工艺建设，降低了工艺技术水平，影响了一代人的经验积累。

案例 8.6 三个和尚无水吃
——构型管理出现了什么问题？

1. 背景

民机构型管理来自于国外复杂工程的管理理念，目前遇到很多难以解决的问题，有些像理不顺的乱麻，清理起来头绪重重。

2. 主题切入

我在飞机有关领域已经干了近 20 年，突然感到构型管理方面严重制约了飞机的现场生产。

3. 过程

构型管理，是在飞机全生命周期内，建立和维护飞机及组成产品的功能和物理特性与产品的需求/设计要求和构型信息之间的一致性的确认与管理过程。构型管理就是对产品"属性"的管理。

构型管理的概念最早起源于美国的军事工业，尤其在美国国家航空航天局、欧洲航天局等管理飞机、舰艇、火箭等大型武器装备的研制过程中，它是要解决全周期的系统性有效管理问题。

随着产品复杂度的增加，飞机研制过程可能要经历几年，不可能由一个人或一组人自始至终一直来控制设计和生产，同时这些产品的研制涉及不同专业、不同学科之间的人员进行协同设计，在此过程中产品信息在持续发生演变、转化、传递、使用、存储、复制等活动，其中很可能丢失了一些相关的信息，产品的技术状态也就随之处于不可控之中，最终生产出的产品有可能与前期需求的目标不一致。这样美国军方就提出并总结了产品构型管理的雏形概念。

而我国对于飞机构型的概念在过去一直没有明确提出，直到在民机转包生产中才将这个概念引入飞机项目，其目的是控制复杂飞机产品的开发与维护，使得飞机制造商和开发商能够灵活地应对各种需求变化。

因此，在飞机的研制过程中推广应用构型管理技术，不仅是现代化管理的需要，也是研制具有国际先进水平装备产品的需要。

在国外的一些比较知名的、先进的军工企业，构型管理已经非常成熟，它们大多已经形成了完整的管理体系，在国外的企业内部，有关构型管理的相关企业标准规范数以千份，非常严格，每个流程需要哪些环节，每个环节需要哪些人来参与，需要什么样的支撑条件，都定义得非常详细。因为它们发现，只有做好构型管理，才能够确保产品持续满足预定的计划、目标与需求，并且随着激烈的市场竞争和信息化的发展，国外航空国防企业纷纷在构型管理中引入了信息化技术，极大地提高了产品研制的构型管理水平，使航空产品研制和生产方式也产生了深刻的变革，可以说这是国外企业成功的宝贵经验。

B777 研制过程中采用了全三维设计技术，取得了巨大的成功，但也发现了两个问题，重要的问题就是采用了 800 个互不关联的软件，构型控制不住。于是，1994 年正式启动了 DCAC/MRM（飞机构型定义和控制/制造资源管理，实质上就是 PDM/ERP 的深入应用）的大型工程项目，计划五年完成，但是没有想到那么困难，前后用了十年时间做了两期，总投资超过十亿美元才完成。这一大型项目是继波音工程设计领域全面推行 DPD（数字化产品定义）、DPA（数字化产品预装配）技术、并行工程技术以后的又一大技术改造项目，是波音实现其经营目标的战略组成部分。

空客为了顺应世界航空市场的瞬息变化，满足客户不同的需求，对抗波音公司的强大竞争，也形成了一套先进的构型控制体系。空客公司经过了 30 多年的探索和不断的改进，构型管理技术也已发展得相当成熟，构型控制与更改程序严谨缜密而不烦琐，使飞机生产商和开发商能够处理各种变化，且在各个环节都实现了计算机化和网络化，这使得空客公司能对市场需求做出最快速的反应。在 A380 构型管理系统的实施过程中，专门针对新的 IT 应用形式下新模式的构型管理和数字化应用相关标准体系开展研究，独创性地提出以产品结构为核心的简化构型管理新思路，包括产品结构层次划分、构型项 CI、设计方案及简化有效性管理等新理念，仅制定的相关标准和业务流程规范文件就多达上千份，为空客公司的产品型号研制工作的顺利开展起到了不可替代的作用。

随着国内与国际合作项目的不断增多，并行工程、现代构型管理理念的逐渐强化、深入，数字化研制体系的逐步建立，数字化应用经验的获得与积累，同时，飞机制造也是响应工程技术和科学技术发展以及实际工作的需要，使得国内航空产品的自主研制都在探索和实践数字化构型管理。在新支线项目、大型客机项目、大型运输机等项目的牵引下，应用国外数字化构型管理理念相继开展了企业内型号构型管理数字化工作，促进了航空工业在构型管理理念和实施手段上与国际接轨。

但与国外航空企业相比，虽然国内航空企业基本形成了完整的构型管理体系，但是在管理水平、实施效果等方面仍然存在一定的差异，还有待提高。另外，从信息技术的应用深度和广度来看，国内航空企业虽然纷纷采用了 PDM 等软件实现技术状态管理一些方面的能力，但由于缺乏先进的管理理念和全面标准规范的支撑，往往侧重对技术状态的结果数据进行管理，但忽视了对技术状态全过程严格和闭环的控制，容易造成状态失控。此外，信息系统的实施还较少考虑外部协作企业、下游的制造、客户服务、运营与维护等业务环节对技术状态管理方面的需要。

构型管理是针对项目的，不能说是针对某个企业的。对于一个飞机研制项目来说，要涉及很多的顶层管理领域，如项目管理、质量管理、工程管理、构型管理、度量管理，风险管理、数据管理等。核心的领域是项目管理、质量管理、工程管理，而构型管理是这几个核心管理领域的数据基础，缺少完整有效的构型管理，做好它们的可能性非常渺茫。

目前大多数企业都使用 PDM 系统来进行构型管理，国外也有不少军工项目采用专业的软件平台，如 CMstat 来作为支撑工具。

很多企业的管理人员把构型管理简单理解为研发过程中工程图的变更管理，对构型文件的标识与范围理解不够，以致定型审核、产品发生故障、改型与改装时，需要追溯设计与生产的变更的各种构型文件时，需要到合同管理系统里去找，工程图与数模变更到 PDM 系统里去找，软件构型到软件工程管理系统里去找，里程碑需要交付的文档到档案管理系统里去找，工艺与制造的变更得到 CAPP 与 MES 里去找，材料的变更得去 ERP 系统里找，运行维护与指南得到综合保障系统里去找，维修记录得到维修系统里去找等，没法形成真正的单一数据源与统一的构型数据库，给企业的构型管理人员带来无穷的烦琐工作与巨大的烦恼，这是构型管理的不足。

构型管理重点在于构型管理体系化建设，切实提高企业构型管理水平，保证产品在全生命周期内的构型管理到位，实现产品全生命周期的质量良好管控，保证项目管理的进度与交付物，记录每一架次交付物的生产制造工艺偏离、保证持续保障活动的良好运行。

构型管理的核心是构型定义，谁来定义是关键，不能大家都来定义，都说了算，因此，基线的一致性很重要。

结果与思考

其实上面是解决构型管理的技术资料，如何真正做好构型管理，还要吸取我国"三个和尚没水吃"的教训，千万不要全民来进行构型定义和构型管理，指定最上游的职能部门为构型管理的唯一责任部门，下游的全过程只要跟着走，走得不偏移，就成功了。

案例 8.7　一个成功的案例
——我在供应商那里住了半年

1. 背景

公司特别点名，让我带一个工作团队，去某一家供应商处，系统解决长期以来困扰产品按期交付的大量问题。

2. 主题切入

工作组进入该供应商现场，面对的是一长串积压已久的没有解决的问题清单。根据存在问题的情况，工作组制定了分阶段的不同特点的工作方法。一开始，工作组的工作特点突出两个字"接，解"，接即接收问题，把供应商提出的问题清单无条件地接过来，进行分类、归纳整理，然后在工作组内按专业分工，各人负责一片，组长综合协调。解，即解决问题，启动主制造商方面各个专业部门的支持渠道，要求大家以热心、细心、耐心的工作态度，快速、准确、有效地处理长期积压的问题，所有问题必须在一周内解决到位，经过工作组几周的努力，在后方的全方位配合下，不到 20 天，问题已经由 200 多项，解决到只剩一位数，其中还有每天不断出现的新问题。

在 4 月，我发现了提前装机件管理不到位给供应商生产造成停滞的重大管理问题，工作组及时到现场进行客观调查，采集证据，写出详细的调查报告，及时提供给上级负责人，以便掌握现场的真实情况。

3. 过程

问题的大面积积压，反映了方方面面的问题，有相当一部分责任在主制造商，例如，垂尾安定面内部的支架新构型要从 N+贯彻，2013 年就已经完成工程更改，直到 2018 年 4 月，供应商还没有收到更改后的图样，在工作组进驻供应商后，才从主制造商档案部门把图样协调过来，这件事直接将垂尾安定面的制造周期延长近一个月，工作组一直盯着这些支架的制造运作流程，直到 5 月 25 日才看到支架配套到装配现场，使得本来应该先于后机身下架的垂尾安定面晚于后机身下架，严重影响了垂尾与后机身的架上对接。这一点应该引起主制造商深思。

在大面积解决了中国商飞的条件提供后，5 月的工作重点是逐项解决长期有争议的难点。因此，工作组在 5 月的工作重点突出"等、找"两个字，"等"就是观察前段工作中已处理问题的实施效果，确保设计的方案适合现场生产实际，不要再出现反复。"找"就是主动出击，提前发现生产过程中的技术问题，及时调动资源，配合现场，把将要出现的问题提前做出预案，快速处理，例如，发现线束厂有一些工程问题影响生产过程中的效率，工作组在工作现场第一时间向主制造商总部汇报，请求调配电气设计人员进行现场配合，使得问题不再通过二传手进行传递，而是直接在现场进行解决，主制造商方面在两个小时之内就落实了设计人员，当天到位，通过一个多月的靠前配合，解决了生产线上随时出现的大小技术问题，对生产现场给予了有效的支持，加快了线束生产批量生产提速的步伐。

5 月，计划尾段交付，预示着 N+之前的所有工作包交付完毕。

5 月工作体会：丰富的工艺经验为设计的现场更改带来了巨大的技术支持。飞机现场出现的技术问题无非有两类，一是设计的工艺性较差，制造者抵制；二是设计本身没有问题，但制造方制造能力或经验不足而要求设计降低要求，设计者抵触。团队负责人既有丰富的制造工艺经验，也有对设计合理性的把握体会，在设计和制造双方之间充分起到了桥梁和衔接的作用，再加上负责人在航空界中的良好声誉，设计和制造双方在争执不下时，能够充分信任团队负责人的意见和决策，使得问题解决速度很快，这是这个团队工作成功的一个得天独厚的优势和因素。

6月，工作组的工作主要是在已经没有主制造商被动影响生产条件的基础上，针对主制造商由于制造和设计优化等原因督促生产过程中加快程序流转的工作，协调处理了诸如电气照明 ECP、积水盆等一系列问题，排除了有可能对生产现场有严重冲击的重大影响问题。

6月，工作组还针对飞机总装现场发生的各架机 APU 舱门和门框的配合问题、吊挂在中后机身对接位的不协调问题，指导供应商和总装中心两地进行了全面调查，找出了多年来影响装配协调的主要原因，为下一步制定切实改进措施奠定了基础。

经过工作组前期的努力，供应商现场的设计问题大大减少，制造工艺逐步流畅，操作工人进入熟练过程，质量渐渐稳定，$N+1$ 架以及后面架次循环进入生产线开工制造，7月工作组进入现场观察期。

这两个月，在 N 架机工作包交付的基础上，总部要求工作组在现场把 $N+5$ 架以前的工作包配合干出来。在供应商大面积调整干部和操作人员的情况下，结构件产品出现了一些人为的质量问题，工作组帮助供应商稳定工作质量，迅速解决问题，到9月底，$N+5$ 架以前的工作包交付，算是圆满地收工。工作组和供应商一样，为这半年来的辛苦努力感到有收获。

结果与思考

　　通过半年来在供应商的工作，我感到供应商的生产特别需要主制造商的全面配合，主制造商工作团队丰富的经验和有效的工作为供应商流畅生产线提供了强有力的保障条件。同时，主制造商的现场配合，也为自己积累型号经验创造了条件。

案例 8.8　供应商的问题就是主制造商的问题
——都是供应商惹的祸

1. 背景

一旦飞机产品在主制造商这里出现装配问题，首先想到的是供应商的问题，追根寻源之后，才发现事情远不是这样。

2. 主题切入

一个活动面在总装现场多架次连续出现装配不协调，查找根本原因时，第一想到的就是供应商是怎么干活的，很难主动分析一下主制造商这边有什么样的责任。

3. 过程

首先，主制造商要坚持一个准则，那就是公司一直强调的"供应商的问题就是主制造商的问题"。这是对主供生产模式的深刻理解和准确阐述。

除非属于供应商人为造成的问题，根据我多年的实际经验，所有涉及厂际间装配不协调的问题都应该由主制造商牵头处理，供应商只是按照主制造商的方案进行落实和实施工作，而不是对所造成的问题进行责任分担。

我在处理某型号的现场问题时发现，总装现场出现的由供应商提供的零部件一旦出现装配不协调问题，就带队寻找到供应商那里，追根寻源会发现根子上还是主制造商提供给供应商的协调依据存在不完整甚至不正确的情况。公司应该培养和建立一支敢于发现问题、敢讲真话、能够快速解决问题的制造专家或总师队伍，一旦出现类似供应商这样的情况，可以拉出去、打得响、赢得快。建议专业总师定期到供应商处驻扎一段时间，在得到锻炼的同时，也深入了解了供应商存在的深层次问题。

公司应该重视飞机工艺技术的基础建设，闪光点是需要的，但基础必须牢固，这样，公司的飞机制造能力才会稳步提高，才不会沙滩式盖高楼，才会建立起稳固的主制造商的地位。公司需要一支强大的工艺队伍，这样，面对纷纭复杂的问题才能站得稳、立得住、打得胜；工艺队伍需要工艺体系作保障，强化合理和科学的工艺体制迫在眉睫。

结果与思考

只有方方面面的能力加强了，水平提高了，"都是供应商惹的祸"这句话才会彻底消失。

案例 8.9　歧路难同行
——"两总"系统与"主制造商-供应商"之不畅通

1. 背景

这里所说的"两总"系统是指目前在某公司推行的"总指挥-总设计师"系统，是从其他工业领域照搬过来的管理体系。

2. 主题切入

不可否认，"两总"系统一直是别的行业行之有效的"钢铁"指挥系统，是半军事化管理体制下发明的一套管理模式。

3. 过程

中国的飞机研制原先也是半军工体制管理，因为其飞机设计与制造在机构上的相对独立性，根据飞机制造的特点，也逐步形成了自己的"两总"系统，但此两总系统与其他行业的两总系统不一样，航空的两总系统是指总设计师系统和总工程师系统，尽管也有总指挥这样的设置，但只是阶段性地在某个时期或最后冲刺时，设立现场临时指挥部的临时职务。

总设计师系统，是飞机设计单位的基本结构，下设各专业副总设计师，负责飞机设计技术的全盘管理，也负责与工厂的总工程师系统进行制造方面的技术协调。总工程师系统，是飞机制造单位的基本结构，下设总工艺师、总冶金师、总特设师、总机动师和生产长，所谓四师一长。目前，中国航空工业基本按照这个模式运转。

现在在中国的民机制造中普遍引入"主制造商-供应商"管理体制，作为主制造商，设置了"总指挥-总设计师"系统，淡化了总工程师系统，在"主供"管理中，供应商又是以上所述的另外两总系统，尤其是在制造方面，强调的是总工程师系统，对主制造商的"总指挥"并没有相应的体系对接，也就是说，供应商不会因为主制造商的管理模式而改变自己的管理模式，结果就是，主制造商的总指挥指令在供应商那里没人接，不落地，失去作用。

而主制造商的总工程师体系又无法代替其"两总"系统对供应商行使管理权，主供之间的总工程师体系因此无法发挥其应有的作用。尤其是，在两边岗位名称相同，但所赋予的权力极其不对称的情况下，强势的供应商的总工程师系统必定视主制造商的总工程师系统于弱势，甚至乌有，在遇到制造技术问题时，主制造商的意见和方案无法得到供应商的认可，供应商我行我素的现象十分明显，这样长此以往，必然会引起一系列的供应麻烦。

更多的问题在未来的出版物里展开讲。

🔍 **结果与思考**

此两总体系与彼两总体系的不接轨，会给型号研制和生产方面带来许多不接轨问题。

案例 8.10 飞机产品要求高

——想成为供应商为什么这么难？

1. 背景

这个案例是想说明一个问题，在新时代的飞机制造环境中，"主制造商-供应商"的模式吸引了国内大大小小的企业都想参与这颗璀璨明珠的业务，但并不是有了美好的愿望，就可以有良好的结果。想作为主制造商的供应商要走一条十分艰难的路程。

2. 主题切入

"主制造商-供应商"模式，是由主制造商来挑选供应商，而不是供应商来挑主制造商，甲方是主制造商，乙方是供应商，而成功成为乙方，也是需要过五关斩六将的。

3. 过程

要想成为主制造商的供应商，一般来说，需要走如下几个关口。

（1）企业各种资格证齐全，这里的资格证包括但不限于 ISO 9001、AS 9100、NADCAP 等。

（2）实力验证。主制造商要到潜在供应商的生产现场进行审核考察，见证潜在供应商的实力情况。

（3）招标竞争。当基本条件符合后，还要进入招标流程，进行综合评价，优胜劣汰。

（4）优选入册。当潜在供应商力压群雄，胜出后，就考虑走入册程序了。一旦进入供应商清册，就有资格接主制造商的活了。因为清册里同类型的供应商至少有三家，并不是有活就可以拿了，而是有资格参与未来的招标了。

供应商分设计研发所涉及的供应商和制造所涉及的供应商，两条路子的管理程序还是有差别的。

如何才能成为飞机研发的合格供应商？

设计所选择的供应商主要是给飞机本体提供所用的材料/标准件/成品件等。

制造所选择的供应商主要是给飞机本体提供实物制造的标的。

设计选择供应商的程序主线是：向潜在供应商发 RFI—对回复的 RFI 进行评估—PCD 评审与预批准—综合能力评估—符合性验证试验—PCD 批准—入册成为批准供应商。

制造选择供应商的程序主线是：向潜在供应商发 RFI—对回复的 RFI 进行评估—综合能力评估—到潜在供应商现场评估和审核—PCD 批准—入册成为批准供应商。

只是弄清楚以上的程序就让行业外的公司头疼，要进入供应商系统，所花的力气让很多厂家望而却步。

我们既欢迎有优质资源的供应商入册，也期待更多的供应商符合条件。

结果与思考

通常来说，供应商入册十分不容易，得到资格的供应商会在主制造商的培育下，逐渐适应主制造商的要求，也容易成为航空产品的长期供应商，当然，如果供应商有一天达不到主制造商的要求了，或者出现违规合作，那么，被主制造商淘汰也是有可能的。

案例 8.11　不合格就是一票否决
——一次无入册供应商材料使用带来的严重后果

1. 背景

飞机上使用什么样的材料，使用哪家的材料，虽然是由设计师确定，由采购业务部门负责按照设计所定的目录进行采购，但所有这些确定和采购，都必须得到适航当局的批准和全过程监控，任何不受控的材料额外采购，都会让适航当局对包括设计和生产的行动亮红灯。

2. 主题切入

飞机材料的使用要经过适航的批准，是适航条例明确规定的，在没有得到适航批准的前提下，随意改变材料的采购渠道和来源，都是违规的，某型号飞机遭遇该情况，使用国内某铝公司提供的同铭牌号材料，被局方发现，叫停飞机制造活动一段时间。

3. 过程

为什么会出现这种情况？适航条例规定，对于任何设计和制造活动，都应该经过适航当局的批准。也就是说，只要是经过适航当局批准的设计，其制造和设计的更改，都必须获得适航当局的批准和全程监控。

有以下几种可能性值得分析。

（1）在制飞机上，设计改变了材料的种类，没有提交适航当局批准。尽管设计使用了比原材料更优的代替材料，也得经过适航批准，不经过批准，无法用于制造飞机。

（2）由于国产化需要或进口限制问题，飞机制造厂商把原从国外供应商处进口的材料，改为国内供应商生产的材料，尽管材料牌号相同，但没有入册供应商，又没有征得适航当局的批准，也属非法使用，西南铝材料代替进口材料就是一个典型例子。

（3）比较低级的错误是，由于生产计划周期问题，等不及原渠道材料的提供，利用其他未经过批准的材料代替正常材料使用，这种情况比较不诚信，问题更大，不但适航当局会对制造单位进行惩罚，质量控制体系也会有所表示，如果是供应商采取此办法，结果会是直接被拉黑。

（4）还有一种就是涉及腐败的极端情况。某些人利用手中的权力，为了一些好处，为自己的关系户寻求后门，把没有入册厂商的产品暗地里偷梁换柱，悄悄地用在飞机产品上，让适航当局或纪检部门给发现和查出来后，就不是光处理人的问题了，也会导致停止生产的结果。

🔍 **结果与思考**

总而言之一句话，为确保安全，飞机上使用的所有材料和物品必须受控，必须征得适航当局的正式批准。

第九章 制造观念创新

> 人类历史上，飞机制造已经历经百年，从一针一线制造飞机，到现在的现代化技术制造飞机，每一步进步，都离不开创新，但是，创新往往是在实践中发生，不能脱离现实，一旦脱离现实，创新就会走向歧途，就会失败。目前，飞机制造又到了一个创新的关键路口，有些问题必须说清楚。

案例 9.1 回顾历史，总结规律
——当年的飞机如何从图样转化成实物

1. 背景

说起飞机制造，大家就会想，按照飞机设计图样去制造呀，其实并不是那样，行业内都知道，飞机图样转化成实物，要经过一般人想象不到的过程。

2. 主题切入

当年，在没有计算机应用之前，飞机设计工程师夜以继日设计出来的二维飞机图样，绝大部分是不能直接投入生产线上进行制造的，需要进行二次设计，即模线样板的工艺设计转换。

3. 过程

飞机设计发出型号的图样分理论图样和结构图样，理论图样定义飞机气动外形的理论形状，结构图样定义飞机零组部件的形状与相互之间的关系。由于当时没有计算机，做不出来接近实体的三维模型，所以，理论图与结构图之间、结构图与结构图之间，均由尺寸来约束，几乎都是理想化的飞机形状，并不是真实的飞机定义，是否真实连接，是否相互干涉，飞机设计师一般都无法精确预知。

用于飞机生产线进行 1∶1 制造的，真正飞机结构精确定义的是模线设计部门，按照苏联的技术体系，把模线部门归工艺系统管理，实际上，模线设计师所做的工作更像是飞机的二次设计，而从飞机设计师手里出的图样只能说是参考图样，这对现在的人们来说似乎有些耸人听闻，但这的确是事实。

首先，模线设计工程师依据飞机理论图样，按照计算法和样条法在专用薄钢板上画出 1 : 1 的飞机外形切面图,这样的线条就形成了飞机外形的老祖宗,飞机理论图只能说是飞机的 DNA,还不是飞机的骨肉。

按照批准的外形切面理论模线,用明胶板从钢板移型下来所需要的切面线,以该线为基准,把飞机结构按照结构图的尺寸投影画在理论外形线的相关位置,从而就定义出了可以按照其制造飞机的实际图样了,当然,明胶板还不方便在生产现场使用,特别是批量生产时的使用,因为明胶板是一种比较娇嫩的东西,受温度的影响很大,保存不容易,所以,还要按照模线制造出金属样板,用于生产制造。

包括飞机的制造装备,工装也是以模线为制造依据而研制出来的。

所以,此时,模线就代替飞机图样成为飞机制造的主要依据了。

结果与思考

这个过程就是大家常挂在嘴边,但大多数人没有体验过的传统的模拟量传递制造飞机技术。

案例 9.2　过渡的产物也起到了很大的作用
——计算机辅助电子经纬仪昙花一现

1. 背景

现在对大多数人来说,计算机辅助电子经纬仪(computer-aided theodolite,CAT)这个名词已经十分陌生,但 20 世纪 90 年代,它在飞机制造中可是个很先进的新鲜事物。

2. 主题切入

引入计算机辅助电子经纬仪是在 90 年代制造干线飞机时的一种先进技术,由于国外某道公司大量使用这种仪器,所以,推荐航空工业也使用这种工具来制造飞机。

在没有引进计算机辅助电子经纬仪(CAT)以前,飞机制造中大量采用的是常规光学仪器,如水平仪、准直仪、经纬仪等,而计算机辅助电子经纬仪(CAT)取代了常规光学仪器,从根本上改变了仪器的数据读取和记录模式,由人工手动调整进步到计算机自动识别和调整,消除了很多人工干涉的不准确因素。

3. 过程

一台计算机,摆放在工作现场,通过导线把串行转接器和电子经纬仪与计算机网连在一起，通过对准、调整、聚焦等操作，可以对被测目标进行角度、位置等空间自由度测量和读数，数据由计算机自动采集和记录。

为了对大型场景或物体进行准确测量，而不挡视线，需要好几台电子经纬仪组网使用，调整几台仪器，使其同时在一套坐标系里面，其实是一件不太容易的事情，我曾经动手调整过几次，心想要有一台全面自动测量的仪器该有多好。

接着，就出现了后面的激光跟踪仪的应用。

结果与思考

计算机辅助电子经纬仪在航空工业中的应用只是昙花一现，但却使人们认识到计算机辅助的威力和方便。

案例 9.3 大胆预测，果断引进，迅速普及
——激光跟踪仪的引进故事

1. 背景

目前，激光跟踪仪是飞机制造生产线上用于数据测量和定位的主流设备，近二十年来，在世界各国的飞机制造工业领域发挥了重要作用。

2. 主题切入

在大量使用电子经纬仪的时候，激光跟踪仪已经问世，我是 1996 年在到瑞士接收计算机辅助电子经纬仪时认识它的。当时，徕卡（Leica）公司为我演示了激光跟踪仪的功能，并预言，未来在航空工业中起主导测量作用的应该不是计算机辅助电子经纬仪，而是激光跟踪仪。

3. 过程

计算机辅助电子经纬仪是通过人的视线瞄准测量目标，激光跟踪仪是通过一束精准的激光自动寻找测量目标，相对于电子经纬仪，激光跟踪仪是真正意义上的自动测量。

激光跟踪仪测量系统（laser tracker system）是工业测量系统中一种高精度的大尺寸测量系统，该系统集合了激光干涉测距技术、光电探测技术、精密机械技术、计算机及控制技术、现代数值计算理论等各项先进技术，对空间运动目标进行跟踪并实时测量目标的空间六个自由度。

该系统主要由激光跟踪头（跟踪仪）、控制器、用户计算机、反射器（靶镜）及测量附件等组成。

SMART310 是 Leica 公司 1990 年研制出来的第一台激光跟踪仪，1993 年又推出了 310 二代产品，后来，又推出了更为先进的 LT/LTD 产品，加上 *Axyz* 测量分析系统，使得测量水平上了一个更高的台阶。

和 Leica 同时出现的还有 API 激光跟踪仪，是美国的产品，它比 Leica 价格低，其携带比较方便，所以在一些小型企业中还是受欢迎的。

结果与思考

引进一种先进的仪器，需要有超前的思维、敏锐的眼光和扎实的实践基础，有的放矢，才能取得良好的应用效果。

案例 9.4　高等决策尤其重要
——自动钻铆机引进得与失

1. 背景

自动钻铆机在飞机制造中已经成为飞机部件铆接装配的重要设备，在 20 世纪 90 年代引进时，由于决策考虑不周，还闹出了很大的笑话。

2. 主题切入

自动钻铆机结构主要由两部分组成，钻铆控制主机部分与随铆托架部分，一般认为，设备的控制部分最重要，托架只是辅助结构，不知道为什么，外国人把托架的价格定得如同主机，太不合算了。托架不能自己制造吗？

3. 过程

问题就出在忽视了托架的关键作用。

现在，人们都知道，自动钻铆机的主机和托架是钻铆机不可分割的两个结合体，离开主机，托架就是一台空架子，没有托架，主机也就像一个人失去了四肢。当时，大家之所以不约而同地都决定不买托架，其实就是为了节省资金。从根本原因上来说，就是忽略了工艺装备的重要作用。

当购买自动钻铆机的方案写成后，放到公司负责人的办公桌上时，几家公司的负责人似乎像一起商量过似的，抬手就把自动铆接托架给划掉了。主机购买则很痛快地得到了批准。

在与外国生产厂商谈判购买合同时，商家一再强调，没有托架，设备就无法发挥作用，我方代表也一次次说明，托架不复杂，自己有能力制造这个配套的托架，外商见劝说不成，也就作罢，按照要求签了销售合同。

买回来后，工厂让工装设计部门设计托架，工装设计部门根本没有主机的相关输出和输入接口资料，无法进行配套设计，主机缺乏了配套的随动托架，一台台都成了摆设，很长时间内，这些设备就在厂房的角落搁置。

后来与国外的飞机生产交流多了，高层才意识到自动钻铆机的主机与托架同等重要，在自动钻铆机的引进中犯了一个低级错误。无奈，为了挽救损失，又花费极高的代价与高校合作做科研攻关，才使得这套设备起死回生，以低效能的运转得到了部分功能的使用。

🔍 结果与思考

设备配套引进是符合客观规律的，在基础工业还不够发达的中国尤其如此。

案例 9.5　基础不牢，地动山摇
——加强工装的技术改造是夯牢飞机制造基础的根本

1. 背景

在进行工厂技术改造项目论证时，有一种看法是工艺装备制造要那么高精度的设备干什么。

2. 主题切入

在苏联对中国援建的 156 个工业项目中，航空工业是苏制体制引进项目中最完善的项目。在林林总总的设备配套中，给予工艺装备制造专业最高级的设备配备，其精度之高、特性之强、设备加工尺寸之大，都是主产品生产线上无法比拟的，正是有了成体系的符合专业实际的技术装备的配置，才使得中国航空工业的工艺装备研制基础保持几十年高水平不变。

3. 过程

在几十年的航空工业发展之后，工艺装备专业因设备配套齐全和完整，几乎没有给飞机研制和批量生产造成卡壳现象，也因为没有大的问题形成飞机生产障碍，所以，给许多人以误解为工艺装备不存在问题了，更有甚者，认为飞机工艺装备在飞机制造厂显得不那么重要了，可有可无。

因此，在进行工厂的技术改造时，总想把工艺装备的技术改造给忽视了。

多年之后，干脆就认为飞机生产应该配备比工艺装备更好更精的设备，出现了"工艺装备制造要那么高精度的设备干什么？"的怪问题。

要认识到为什么工艺装备的设备品质要好于飞机生产线上的设备，要从以下几方面谈起。

（1）工艺装备是制造飞机产品的生产基础，生产基础的制造设备必然要好于飞机结构的制造设备；

（2）工艺装备的刚性远远大于飞机结构本体，原则上工艺装备在任何情况下都不允许发生变形，在整个寿命期内要保持稳定一致状态，因此工艺装备基体的刚性应该很强，加工设备的功率比飞机产品制造设备的功率普遍要大许多；

（3）因为工艺装备是制造飞机零部件的基准，其精度要高于飞机本身精度的三倍以上，所以，制造工艺装备的设备精度要大大高于制造飞机结构的加工设备精度；

（4）在飞机制造数字化的时代，加工工艺装备的设备必须首先要数字化、自动化、信息化、网络化和智能化，才能够保证飞机生产线的要求。

因此，从事飞机制造的人，尤其是负责飞机制造的决策者们，在心里要永远把工艺装备的生产保证放在重要位置。

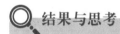 **结果与思考**

> 加强工装的设备改造是夯牢飞机制造基础的根本。

案例 9.6　眼前一片新景
——主持国际先进飞机生产线技术交流，大开眼界

1. 背景

因新型号研制需要，我出国考察过国际先进飞机生产线，并在某重点型号生产线建立之前，主持了与世界上各大飞机生产线主流制造商的技术交流，大开眼界。

2. 主题切入

世界上先进飞机生产线制造供应商有很多，知名的也就七八家，本案例介绍了我曾经主导交流的几家供应商。

3. 过程

波音和空客在 20 世纪的大部分时间,研制飞机所使用的工艺装备都由自己的工艺装备研发中心设计和制造,到了 20 世纪末和 21 世纪初,随着世界上专业自动生产线配套供应商的兴起,世界上各飞机制造商采购专业生产线供应商的产品越来越多,波音如此,空客更是如此。生产线供应商主要集中在欧美地区,这里把有名的一些厂商整理如下(表1)。

表1 国外主要著名生产线供应商一览表

序号	公司名称	专业内容	典型产品客户	总部
1	AIT	飞机生产线集成	B787 总装对接生产线	美国
2	REEL	飞机生产线集成	A350 总装对接生产线	法国
3	DURR-EADG	飞机生产线集成	天津 A320 生产线集成	德国
4	M. TORRES	飞机装配工装及定位系统	A380,A320 机身段装配线	西班牙
5	SERRA	飞机机身、机翼装配系统	A380,B787 尾翼装配线	西班牙
6	Nova-Tech	飞机生产线集成	B777 移动生产线	美国
7	Comau	飞机部件装配线集成设计	A340,A380,A350 等	意大利
8	TIME-ALLIAN CE-LATECIS	飞机生产线设备、飞机舱门专业生产承包商	A320 部件运输设备、B777 货舱门制造	法国
9	KUKA	机械手用于飞机装配	787 机头、空客、SAAB 门等	德国
10	ALEMA	机械手用于飞机装配	A320,A340,A380,B787 等	法国
11	LOXIN 集团	柔性夹具制造商	A380,A340,B787,B747-8 等	西班牙
12	CTI	飞机生产线上空中和地面的运输设备	B787,A380 段件运输	卢森堡
13	BROTJE	大型自动钻铆机	空客、波音、沃特公司生产线上的装备	德国
14	西门子	飞机生产线控制系统、容差计算技术	A380,B787 自动对接线控制	德国
15	DUFIEUX	代替化铣的蒙皮下陷铣	空客独家使用	法国
16	EI	大型专业自动钻铆中心、电磁铆发明商、柔性轨道钻	空客、波音、西飞等公司使用	美国
17	GEMCOR	大型自动钻铆机	空客、波音、中国航空制造业	美国

🔍 结果与思考

21 世纪前 10 年与国外先进生产线供应商的交流,打开了国内航空制造业的眼界,从此,飞机制造工艺装备走上了现代化和数字化的快车道。

案例 9.7　实事求是，面对现实

——在数字化传递的形势下，为何引进数控绘图机

1. 背景

某飞公司，在组装国外飞机时，由于生产需要，引进了美国的 GEBAR 数控绘图机，到 2008 年，这台绘图机已经严重老化，因此被拆除，但是，要不要购新机？为此意见不统一。

2. 主题切入

没有数控绘图机的日子，生产用 1∶1 的模线图需要到其他有绘图机的飞机制造厂去花钱绘制。画一标准张的图样非常昂贵，几年下来，合计一下外协绘图所用的钱，足够买好几台绘图机了。里里外外这么一算，才迫使工厂负责人下决心，采购一台。

3. 过程

当时，提出不买的理由就是，飞机都数字化制造了，以后谁还用模线作依据？以为中国航空工业一夜之间就可以实现全数字辅助的自动化生产了，还靠绘制模线作为实体依据岂不是倒退？

这种思想不但在该厂存在，在国内其他主机厂也存在。

在对波音和空客的数控绘图机的保有量和新增量进行调研后，发现，波音、空客都不止一台数控绘图机，而是十数台到几十台，并且近两年还有继续购进的计划。

纵观国内各主机厂，由于飞机型号的不断增多，产量的不断扩容，模线的使用量呈几何级数般增加。况且，国内航空工业的钣金制造还处于粗放型或半粗放型制造阶段，无论是钣金成形模具的制造，还是钣金本身的加工，都离不开各种模线样板的使用。再加上中国航空工业还远远没有进入全数字化控制阶段，就连全自动化水平都达不到，手工作业在生产流程中还大量存在，人工检验过程还很漫长，这样，模线就是重要的制造依据之一，不能完全被排除在飞机生产过程之外。该厂的生产中就大量依靠模线作为检验依据。

在形成共识后，购买哪一家就成为关键一步棋了。美国 GEBAR 公司不再生产数控绘图机了，日本一家企业趁机高价引诱该厂购买，据说已经与几个绘图机

的原操作者和维修者见过面了，出于业务管理范围，公司授权我来负责选定型号，我带人到几个主机厂进行了细致的调研，初步摸清了各主机厂所用的型号，同时，也在国际上寻找生产厂家，最终选定了瑞士的一家，对于瑞士的产品，大家历来是比较信任的，通过公平招标，确实是瑞士这家中标。日本那一家自认为志在必得，谁知因为价格高得离谱，还有一些缺陷项，在评标时首先被淘汰出局。后果是，瑞士数控绘图机买回来之后，出现了许多想象不到的验收故事，在瑞士现场验收都合格的数据，在厂里就是出现不合格的现象，最后，瑞士工程师来中国亲自调整，才算通过场内验收。

此台数控绘图机已经顺利使用十几年了，又濒临老化，是修，是买？又到了需要做选择题的时候了，这是对新一代人智慧的考验。

🔍 **结果与思考**

> 新技术的革命，只能是和平过渡、平稳交换，断崖式的中断或取消，带来的是成本的大幅度提高和不切实际的生涩运用。

案例 9.8　总算看到了

——带队考察汉堡空客，看到了最先进的飞机生产线

1. 背景

2014 年，作为中国商飞的总领队，带团赴德国汉莎培训中心进行了难得的飞机制造培训实习，观摩了当时世界上最先进的飞机装配生产线。

2. 主题切入

提起飞机生产线，一般都会想到波音公司的移动生产线，以为波音是最先进的，但殊不知，世界上真正的先进生产线不在美国，也不在法国，而在德国汉堡。

3. 过程

作为空中客车集团的一个重要制造基地，德国汉堡有世界上最典型的飞机制造生产线，A320 总装线，这里有三条，一条站位移动式装配线，两条站位固定式装配线。A380 的机身段在这里自动装配，A350 的前机身和后机身段在这里制造。

7号厂房是A318到A321系列飞机机身系统总装车间，厂房约6000平方米，设置了两排缓慢移动的生产线，生产线上长长短短地摆放着12架除机头和翼类外的整体筒段，操作工人有序地在机身内部安装电缆、管路、系统成品件及内饰件，登上装配平台，零距离地对装配线进行考察。平台上，有很多值得借鉴的装配工作法和装配工具，例如，在机身旁边，所有待装配的零组件都有定置位置，按照装配先后顺序排列，零组件的放置空间状态也基本与其在飞机上的安装状态接近，每个飞机零组件旁，配备有配套的安装工具，这里值得一提的是，空中客车制造中心大量使用可自动收缩式电源、气源、照明源转盘型工具，这些工具在国内航空制造企业也逐渐被引入。在移动线的端头展示平台上，制作了很多标准实物模板，有展示电缆装配标准的，有描述紧固件使用标准的，有告诫产品保护的，操作者干活的标准一目了然，避免了错误的发生。

9号厂房是A320系列全机对接和系统测试一条龙生产线，生产线是移动的，一架飞机要走完全部站位才可推出厂房，进行涂漆、试飞和交付，天津A320系列总装线就是这条线的原样拷贝。

14号厂房是A320系列的又一条总装生产线，与9号不同的是，我早就听说这里的所有装配工作都是固定站位的，为什么有9号厂房的现代化装配线的情况下，还保留固定站位的生产线？我在这里找到了答案，在14号厂房，有两个不同结构的全机对接站位，分别为机身一条缝对接和机身两条缝对接，这是为适应不同的装配构型而设计的。全机对接完成后，飞机被拖到隔壁进行系统总装和测试。

A380部件装配厂房有7层楼高，整个厂房坐落在填河造就的土地上，A380的第13段、15段、18段和19段在该厂房装配和模块化安装，当各类系统件安装完毕，准备好接插接头后，通过据说是中国南京为之制造的大型滚装船（RO-RO）运到法国图卢兹进行全机对接和总装。在厂房里，有4台A380机身18段装配工作坞，在这些工作坞上，看到了不同客户的飞机部段，有卡塔尔航空公司的，有阿联酋航空公司的，有阿提哈德航空公司的和韩亚航空公司的。18段和19段的机身对接和系统安装，全复合材料的后机身，是西班牙空客公司生产的。在A380的生产线上，有许多先进装配设备和工艺，展现了大型宽体客机的装配与窄体客机装配的巨大差别。

结果与思考

经常出去看看，就会眼界开阔，看到自己的不足，制定正确的发展方向。

案例 9.9　换汤不换药

——好制造名词的诞生与工艺性的关系

1. 背景

近年来，出现了一个新名词——"好制造"，这到底是怎么回事？说来话长。

2. 主题切入

从表面意思来看，好制造就是制造起来容易一些，方便一些，与难制造对应成反义词。

3. 过程

那么，好制造这个词是否完整地代表了飞机在设计出来后的制造特性？

实际上，这个词是值得商榷的，好制造，什么样的好才为好？也就是好的程度如何度量，标准是什么？好很多算不算好？比较好算不算好？好一点算不算好？比好要差一些如何界定？等等。一般来说，在技术领域，在对一种技术状态进行客观评价时，一般不用好或者不好这种无法量化的词，用"好"字只是带有称赞的意义，并不能作为一种严格的量化评判标准来用。

在中国航空工业中，多年来对于设计出来的产品，是否容易制造出来，用了一个比较客观的中性词，那就是"工艺性"。工艺性是指针对一个设计主题进行未来实体实现可能性的分析，就是拿一张图面的设计内容，由有经验的工艺师按照现实的生产能力，对其进行想象过程中的制造加工，又叫头脑模拟加工，也就是走一遍车铣刨磨钳等冷加工过程，或割焊热表漆等热加工过程。其结果有三，一是根本在工艺上逻辑不通，属于工艺性不合格，需要重新设计；二是设计在个别特征方面不符合工艺性要求，需要改进设计或补偿工艺能力，属于工艺性基本合格；三是符合工艺流程要求，属于工艺性合格，可以投产。

就飞机制造的特点来说，考虑制造的难易程度用工艺性比较合理，好制造对工艺性的作用和内涵不能深刻而全面地定义。如果希望把好制造推而广之，就要从科学定义方面给予尽可能的描述。

结果与思考

姑且不论好制造提出者的初衷和目的，就是到现在为止，好制造也没有得到行业内的普遍认可，就说明行业内实际是不太接受这种观点的。

案例 9.10 仔细研究，区别很大
——配套与齐套有何区别？

1. 背景

在中国的航空工业内，飞机生产线上的生产调度常用"配套"计划来管理生产，而近年来，在飞机制造领域，出现了一个新名称，叫"齐套"，配套与齐套，看似一字差别，却表现了不同行业领域对产品完整概念的不同认识。

2. 主题切入

通过了解，在航天工业行业内，确有齐套之说，那是针对航天器的单次行动而言，航天器要上天，生产周期短，使用周期短，零组部件必须全部装齐了，才可发射升天，缺一颗螺丝钉都不行。而飞机上的零件完整性是个范围，只要在有效范围内，就可以批准上天。

3. 过程

在飞机制造行业，有许多与飞机生产管理有关的术语，如零库存、适时到线、保留交付等，这些术语从根本上都是与配套相适应的，只要不影响飞机的最终交付计划，零部件可以不必到齐，就可以装配，如果都等齐套了再进入装配，带来的就是因等待齐套件而造成生产进度的拖延，因赶工引起产品质量的降低，或因其他部件的提前到位而无效益占用生产面积，必定增加生产管理成本。

有些部件暂时还缺个别长周期零件，为了保证飞机总体装配，可以把缺长周期零件的部件带着保留工作量暂时交付，这叫平行交叉，或者叫并行作业，一旦带保留的部件进入生产流程，可以设法在后续工序中平行安排晚到零组件。如果因为缺少长周期零件而不让上道工序向下道工序转移，会造成上道工序挤压更上道工序的时间，下道工序因上道工序的产品交付不到位，而白白等待。

这就无法按照"齐套"的思路来管理生产，如果强行贯彻齐套要求，会带来一系列的不可控问题。当然，齐套这个概念在零组件生产层次的小范围区间内还可以使用，但对于飞机这样一项复杂的系统工程来说，配套更科学合理一些。

结果与思考

在一个行业里，术语就是生产力，用对了，提高生产力，用得不恰当，降低生产力，这是客观规律。

案例 9.11　自力更生，以我为主

——对标国际，对标国内？航空制造向什么标准对标？

1. 背景

近些年来，对标国际这一口号很响亮，似乎一切都要有看齐国际的意识。

2. 主题切入

先不说对得上对不上，就对标口号对企业发展的深层次影响来说，值得讨论。

3. 过程

一个新公司的成立，就像一张白纸，可以画出最美丽的图画，这个图画可以是红牡丹，也可以是白玉兰，还可以是五彩缤纷的菊花、梅花、月季和紫罗兰。绘画要看执笔人，制图要看啥标准。

标准选得得当，那就是满园春色好气象；标准选择不当，则会是一片乌云迎风暴。

首先，研究一下对标的原则。鉴于是中国产品，对标的前提要立足于中国文化、中国符号、中国元素；对标的框架要建立在中国已有的基础上；对标的思想要体现引进、消化、吸收、再创新；对标的知识产权要可控、无争议、不能引起国际纠纷。

在对标和采用国际标准时，要研究透国际标准的确切含义；切忌拿外国术语、缩写语直接引用，要转换成中国国家标准或行业标准的通用语言；切忌粗暴地排除中国的国家标准和行业标准，而是多做比较分析，去伪存真、取其精华，补充完善或形成自己的标准。

对标国际，不能做形式主义，华而不实；不能贪大求洋，不顾国情；不能舍近求远，标新立异；不能人云亦云，左顾右盼；不能心中无数，行无方向。

对标国际，应该提倡，不应该盲目。站位要高，立意要远，考虑要全，在吸收新鲜空气的同时，不被诱饵所迷惑。

🔍 结果与思考

总之，对标国际可以使我们更快地加入国际大环境，但是，国际形势变化多端，面对百年未有之大变局，要有风险意识，底线思维，要在保护好自己的基础上学习和吸收国际先进经验。

案例 9.12　碳中和与碳达峰之飞机制造如何做？
——飞机制造是如何实现绿色的？

1. 背景

由于全球对气候变暖问题的关注，航空业成为第一个限制碳排放的行业，碳排放规制成为民用航空最主要的绿色壁垒。本案例在梳理民用飞机绿色制造与碳减排概念的基础上，分析了国内外民用飞机的碳减排需求，研究了波音、空客碳减排的主要举措，提出了民用飞机制造的碳减排应对建议。

2. 主题切入

碳达峰、碳中和是世界性主题，绿色制造是这个主题的重要分支，它指综合考虑生产制造过程对环境影响、资源效率和企业效益的现代化制造模式，是一种可持续发展的制造模式。绿色制造的目标是使产品从设计、制造、包装、运输、使用到报废的全生命周期中对自然环境的影响降到最低，资源利用率最高，并使企业的经济效益和社会效益协调优化。结合民用飞机整个生命周期来看，绿色制造涉及飞机的制造、运营、维护及回收，主要包括飞机的绿色制造工艺、资源利用效率及清洁生产水平、飞机运行时的低碳与经济性（即燃油效率）、维修设备及资源利用率、材料及零部件的回收利用率等。

3. 过程

欧盟和美国已形成碳排放的法律体系，国际民用航空组织（ICAO）已开始制定航空运输的碳减排规制。欧盟各国已将二氧化碳减排纳入法律体系，并将航空业纳入了欧盟碳排放交易体系。

美国环境保护署（EPA）在《清洁空气法案》中规定，从 2020 年起，为保护本国已减排产品，将对中国等多个没有进行碳排放限额规定的国家征收惩罚性关税。2017 年，ICAO 正式通过了航空器二氧化碳排放标准，并将其写入《国际民用航空公约》等有关环境保护的附件中。该标准于 2020 年生效，适用于民用航空的新机型，对于已在产的机型放宽至 2023 年，若 2028 年仍未达到标准，则要求停止生产。

除了国外规制的要求外，我国政府也制定了较高的碳排放目标。2020 年 9 月 22 日，在第 75 届联合国大会期间，我国提出将采取更加有力的政策和措施，二氧化碳排放争取在 2030 年前达到峰值，称为碳达峰，在 2060 年前实现碳中和，提出的目标远超过国际要求，这也意味着民用航空碳排放壁垒的进一步提升。

碳排放量的核算方法主要有生命周期法（life cycle approach，LCA）、IPCC 法[①]、投入产出法等。

生命周期法指通过统计研究对象在生产以及使用的整个过程的输入、输出清单，计算其在生产以及使用的整个过程的碳排放，建立"输入=累积+输出"的平衡方程式。

IPCC 法是现在非常普遍的核算方法，源于由联合国政府间气候变化专门委员会所发布的关于温室效应的相关报告，表示为：碳排放量 = 活动数据×排放因子。

投入产出法指借鉴对各经济部门间"投入""产出"关系研究的数学模型，通过企业各部门温室气体排放的数据统计，利用投入产出法分析产品在整个生产链上引起的温室气体排放量。

对于总装制造来说，优化飞机装配工艺。改变传统的飞机生产及装配效率不高、精度较低等以人工参与为主的加工模式，形成飞机自动化制造及装配系统；尝试以工件最小完工时间为目标，优化集成车间布局与调度；依托智能制造和 5G 技术，提升飞机自动化装配工艺；重视绿色工艺技术研发，形成飞机低碳加工与装配技术等，是我们目前努力的大方向。

🔍 结果与思考

世界资源在现代人类发展过程中遭到严重破坏，为了保护人类生存的环境，各行各业都在争取绿色，航空工业也不例外。

案例 9.13　借鉴历史，开创未来
——飞机制造的历史发展阶段

1. 背景

世人一般认为莱特兄弟于 1903 年 12 月 17 日首次将完全受控、附机载外部动力、机体比空气浮力大、可持续飞行的第一架实用飞机开上了天，从此，飞机这个影响近现代人类活动的交通工具就诞生了。

2. 主题切入

在有了飞机这个可以送人们上天的运输工具后，人们就变着花样地利用飞机为自己服务，也花费心思地不断在飞机制造方面下功夫，求发展，争先进，飞机

---

① IPCC 法指的是联合国政府间气候变化专门委员会（Intergovernmental Panel on Climate Change，IPCC）编写的国家温室气体清单指南，针对不同部门，碳足迹的计算方法不同。

在一百年的历史中，从简单到复杂，从低级到高级，有了日新月异的进步。我把飞机在制造方面的进步划分为如下几个阶段。

3. 过程

（1）一针一线做飞机：最初的飞机机体是由木材与布料做成的，因此，一针一线就成为当时飞机的制造工艺，在波音保存的历史照片中，可以看到，初期的飞机制造车间里，有许多女工在飞机制造工段用针线在缝制机身和机翼，一针一线做飞机这个说法绝不是故弄玄虚。

（2）手工锉修做飞机：随后，飞机结构采用了金属材料制造，由于当时的机械加工设备还没有专业化，飞机生产规模还没有形成，因此，金属零件的加工有相当一部分是手工锉修出来的，所以最初的飞机戏称为"锉修出来的飞机"。

（3）铁匠铺里做飞机：一战爆发，为军机大发展提供了历史上第一次的机遇。全世界飞机制造商达到了两百多家，航空发动机厂商则达到了八十余家，战争期间生产的飞机和发动机数量更是分别达二十多万架和二十三万多台。专业化航空工业制造厂开始建设，但由于生产方式落后，戏称"铁匠铺里做飞机"。

（4）手工摇辘轳把做飞机：一战结束，一大批飞机制造企业倒闭了，只剩美国、苏联、欧洲、日本四大飞机制造体系继续维持新飞机的研制。这个时期，制造工业的通用车铣刨磨机床已经普遍应用，因为这些机床的操作特点为摇辘轳把，所以称为"手工摇辘轳把做飞机"阶段。

（5）模线样板做飞机：20世纪40年代以后，飞机结构变得越来越复杂，靠飞机设计师在二维图上标注全部立体尺寸，已经十分困难，聪明的工程师发明了模线样板技术制造飞机，飞机设计只要设计出概念图样，通过模线样板1∶1的逻辑转换，引导制造工艺生产出具有互换协调性的飞机。

（6）虚拟空间设计和数字化制造飞机：传统飞机设计方法是通过二维几何图样进行，即便是立体几何，也会通过复杂的投影来表示。而现代的飞机设计，已经见不到纸质图样，所有飞机几何要素均在虚拟空间里生成，再通过虚拟网络，实现无失真传递。因此，对于飞机制造部门来说，接收到虚拟空间的信息后，尽可能地要用虚拟方法来制造出符合设计要求的飞机。

（7）数控设备做飞机：虚拟世界设计的飞机，一定要以虚拟的技术生成出实体世界的实物，这种技术就是通过数据来控制加工设备，制造出飞机零件。数控设备分两坐标设备，如数控下料机；三坐标设备，如三坐标数控铣床、三坐标测量机等；多坐标设备，如五轴加工中心、六轴加工中心、更多的虚拟轴加工中心等。数控设备加工飞机零件是现代飞机制造的第一步，目前，我国航空制造业基本上实现了零件制造数控化。

（8）自动集成加工做飞机：自动集成加工是在数控加工的基础上，对多种设备进行初级联动的一种方式，已经不满足于孤岛式单一数控工种，如铣、车、钻连续加工等。在自动加工工艺中，工艺设计十分关键，说是自动，实际是按照人们事先设定好的工序进行操作，只是操作期间无须人工干涉。

这个过程与未来的智能化还有区别。

（9）数据传递做飞机：这个概念近二十年来炒得很热，实际上，它是 20 世纪 80 年代就已经开始的信息化的变种，是把飞机从设计到制造的过程中可以定义为数字量化的要素进行网上传递的过程。这个传递在飞机制造过程中，解决了数据一致性问题，但是，解决不了飞机制造过程中更深层次的协调问题。此处涉及的因素很多，就不展开讲了。

（10）智能制造做飞机：智能制造是目前最热门的话题。飞机进入智能制造阶段尽管还待时日，但是国内外飞机制造商们都在关注这个话题，而中国飞机制造商已经成立了专门的机构进行研究，中国商飞成立了智能制造 5G 研究中心。中国航空工业各个主机厂也都有自己的研究团队。智能制造也许可以解决在数字量传递时期无法解决的飞机制造过程中的零部件无规律变化所带来的种种问题，我期待这个阶段尽快到来。

（11）黑灯工厂做飞机：所谓黑灯工厂，表面上是把生产厂房的灯都关掉，实际上是无人值守和操作的全智能生产工厂，也就是人们理想的，躺在家里，心里一闪念，通过一种未来的通信波，就可以启动生产的工厂，这边原材料进去，那边就会一架架飞机腾空而起。以现在的眼光，这纯粹是科幻小说中的情景。如果实现了这种生产，一些人会认为人类的命运即将结束。

现代飞机制造对加工工艺的新要求如下。

精：指的是精密加工，精细制造，精准装配。

绿：指的是绿色、环保、无污染地制造飞机。

柔：指的是飞机的柔性化制造，包括柔性加工、柔性装配、柔性检测等。

智：指的是智能化制造飞机，包括精密数字化、5G 网络化、信息自动化。

飞机制造并不神秘，也不简单。

外界看来，飞机制造是非常神秘的，其实，它是一门涉及比较广泛的综合专业，进入这个门槛，一步步踏踏实实做下去，就能够成为行业精英。

但是，飞机制造也不简单。国内许多人认为中国的火箭一枚枚往太空发射，而不见中国的飞机一架架交付。这是误解，飞机制造与火箭制造各有特点，差异巨大，无论从寿命上，还是从载人安全方面，飞机的要求要严格得多。

🔍 结果与思考

这个案例尽管老调重弹，但新意依然存在，几个形象的比喻有利于大家记得飞机制造的历史。

案例 9.14　很少人敢正确面对的一个问题

——数字化带来技术进步的同时，也带来了浮躁

1. 背景

飞机制造数字化在许多方面取代了传统工艺，如飞机结构零件的数控机械加工、小钣金的自动化制造等，还有部分装配工序采用了自动化元素，因此有人认为数字化时代来到了，飞机制造变得简单容易了。

2. 主题切入

飞机制造数字化给制造者带来了技术进步的同时，也带来了一些人对基础工作的浮躁和对传统工艺技术的不重视，以致飞机制造中的许多技术问题处理后续乏人，老一辈辛辛苦苦摸索出来的经验将要失传，钻研、攻关、吃苦、奋斗的作风在淡化。不得不在商用飞机制造行业里提出了"长期吃苦，长期奋斗，长期攻关，长期奉献"的四个长期口号，以鼓励新来者前赴后继。

3. 过程

在当前的飞机生产线上，下面的情况屡见不鲜。

当飞机在制造过程中出现技术和质量问题时，制造者总嫌麻烦，不愿深究，更不愿深入现场认真分析和收集第一手资料，只想让数据当代言人。

从这几年情况来看，飞机制造一旦出现问题，很难看到团队在第一时间到第一现场研究问题，制定解决问题的方案，可以说大部分问题是无法解决的，最常见的手段是靠数字化测量工具去测实际数据，进而去无休止地分析、论证，往往最后不了了之。

还有一种情况是，制造现场出现问题，不是从工艺上想办法解决，而是总嫌设计给的公差太严，设计没有好的制造理念，因此，倒逼设计，放松要求，或原样使用，万事大吉。

以为数字化是灵丹妙药，遇到难题可以迎刃而解，一切都寄希望于数字化无所不能，久而久之，用工艺技术来实现设计的思想成了更改设计来适应制造的要求，使得工艺员产生一种错觉，工艺可以不做工作，反正有设计托底。

例如，机翼上的一些活动面，长期以来安装不协调，无法互换，总装时，需要修配才可安装上去，按理说，这个问题不难解决，但是十几年过去了，该问题照样存在，谁去解决？谁该负责？谁做什么？这些都是不明不白的问题。

在工作作风上，浮躁的风气在逐渐蔓延，以为数字化是技术进步，传统技术就是落后，逐渐忘却了一代代传承下来的处理现场问题的宝贵经验。

1995 年，西飞公司出版了一套书，名字叫《绝招与技艺》，里面以传承的思想记录了大量的飞机制造专业经验，这套书的出版保留了老一辈航空人辛辛苦苦摸索出来的经验，十分珍贵，这套书的策划者更是有先见之明。只有不断地继承，才能连续地发扬。

结果与思考

数字化本身没有问题，关键是使用数字化的人，总想让数字化来代替自己的复杂劳动，简单省事，自己可以轻松点，但飞机产品的质量就难以提高了。

案例 9.15   可以作为奠定基础的动力
——飞机制造与智能化

1. 背景

智能制造成为 21 世纪 20 年代最火热的话题，国家号召，地方响应，企业追捧，凡论必讲智能，凡事必涉智能，似乎不讲智能，就跟不上形势。

航空制造也是智能制造的追踪者。在经过多年的数字化应用后，发现很多领域的应用结果非常不理想，那么，智能化是数字化的更高级表现形式，赶快拿过来使用吧。

2. 主题切入

一位大佬说："智能制造是一种思想，而非一门技术。"一语道破天机。这句话给航空制造者指明了走向智能制造的道路，不用摸着石头过河了。

3. 过程

飞机制造从针缝线连的时代，经过手工锉修、铁匠铺锤打、手摇辘轳把和模线样板实物协调的时代，进入自动化、信息化以及后来所称数字化的时代，航空制造人一直在为自己的生产领域的创新体验做着各种尝试。

现在到智能化了，如何合理设计智能化在航空制造中的应用步伐，首先要回到一个最现实的问题，就是本案例的题目"飞机制造与智能化"

咱们一步步看过来，航空制造业目前依然不能让人工操作离开生产线，只要存在人工操作作业，就会有人工对产品的生产产生影响，人不是机器，机器只要按照输入的固定程序，就会做出有规律的行为动作，不用考虑其他因素，应该是一种整齐划一的目标事物，而人却不然，自然中的人，每个人的性格特点都有差异，手上的行为结果，因为不同的干涉，都会产生无法预料的结果偏差。而智能制造环境中，基本排除了人的出现，既然没有人的出现，就不会有人对操作行为的干涉，就能够解决人类环境中许多无法避免的难题。

无论是数字化，还是自动化，都很难在生产制造过程中有自反馈、自改进、自完善、自适应的能力，例如，在飞机装配中，出现不协调问题，自动化解决不了，数字化也解决不了，只有靠人来分析问题，制定解决问题的措施和方案，人靠的是大脑的智能。而智能制造环境里，发现问题、分析问题、制定改进措施、实施改进方案等一系列工作都是靠智能系统来完成，无须人工来做，这就是智能的功劳。

智能制造在飞机制造中，对于独立存在的零件制造是容易实现的，但高智商的零件生产线生产出来的零件，交给低智商的装配生产线去装配，不知道会发生什么结果，因此，在飞机制造中，装配往往应该是更高智商的思想所在地。

装配智能大脑连续不断地把装配现场出现的大大小小的问题识别出来，进行分析，找到根本原因，反馈到包括智能制造控制中心、前道生产流程工艺、零件加工中心，甚至工艺装备中心在内的所有可能有关的、有改进空间的地方，根据智能大脑的处理问题上下权限，进行有的放矢的改进和完善。同时，在改进过程中，最大限度地节约时间，降低成本，取得效益最大化。

因此，智能制造根本就是一种严密的哲学思想，而不是纯技术的组合。

目前，要充分认识到飞机制造与智能制造之间的距离，冷静分析存在的问题，热情迎接智能化的到来，严密组织智能制造在飞机行业内的攻关应用，使得智能制造早日在飞机制造领域开花结果。

结果与思考

智能制造终将用于飞机制造的全过程，不过现在还在摸索阶段，如何走好这条路，光靠工程师的技术智慧和能量是不够的，要利用社会的综合智慧。

案例 9.16　循序渐进，一步也不能省
——我国航空工业要达到智能制造不能漏掉的几步路

1. 背景

在"中国制造2025"的基础上，智能化集信息化、数字化、网络化、物流智能化之大成，是一条光明大道。

2. 主题切入

和各行各业一样，近些年，中国的航空制造行业也对智能化极其重视，许多公司先后成立了全职的研究团队，甚至建立了庞大的高级别的研究机构等，不惜投入巨资来探索这条路。

3. 过程

其实，静下心来，审视一下我国航空工业的发展历史和建立基础，就会发现，想在一张颜色深浅不一的纸上画出一幅统一色调的美丽图案是相当困难的。

按照目前的共识，工业 1.0 是蒸汽机时代，工业 2.0 是电气化时代，工业 3.0 是信息化时代，工业 4.0 则是利用信息化技术促进产业变革的时代，也就是智能化时代。

成立于 20 世纪 50 年代的中国航空工业，并不像欧美国家那样，是在自己已经具有的国家工业基础上的厚积薄发，而是从苏联整建制地搬来一座庙，庙里的全部家当和管理方法都是搬来的，甚至初期的住持或方丈都是外来的专家。因为中国当时缺乏与之配套的工业基础，所以中国的飞机制造企业一开始就形成了小而全、大而全、不与外界往来的格局。这样，在限制了自己的全面发展的同时，也不能为中国的整体工业基础的发展起牵引作用，中国的航空工业长期以来一直在 50 年代的工业水平上徘徊，仅有专业机械化的一些基础，连自动化的设备都很罕见，这个时代，最多称其为工业 2.0 的电气化时代。

到了八九十年代，信息化技术萌芽，中国航空工业推广在普通机床上增加数显装置，也就是在普通手摇机床上加装了可以显示坐标读数改变值的显示器，其实就是操作者不再低头读机床上的刻度值，抬头看大大的数字跳动即可。应该来说，这个东西连自动化都算不上。那时候，经常讲，今年要在某个车间实现多少个数显坐标，明年又要计划实现几个坐标等，这种状态，最多称其为工业 2.1 的电气化，还没有到达真正的自动化时代，离工业 3.0 的信息化时代还很远。

进入 21 世纪，世界工业进入电子信息化时代，即广泛应用电子与信息技术，使制造过程自动化控制程度进一步大幅度提高，这就是所谓的工业 3.0 阶段。中国的航空工业紧跟世界潮流，在 20 世纪 90 年代大量购进各类数控设备的基础上，利用计算机和网络平台充分实现了飞机设计 3D 数字化，制造平台局部实现了加工自动化和装配的人工辅助自动化，这里也是制造过程自动化控制程度的大幅度提高，但是这个大幅度是在起点很低的电气化基础上的改进，而不是自动化基础上的提高，所以，中国航空工业制造平均水平还没有进入工业 3.0 时代，目前普遍处于工业 2.*X* 阶段，还有相当部分在 2.0 上下接近。

那么，如何进入智能化时代？也就是实体物理世界与虚拟网络世界融合的时代，产品全生命周期、全制造流程数字化以及基于信息通信技术的模块集成，将形成一种高度灵活、个性化、数字化的产品与服务新生产模式。

我认为应该分几步走。第一步，尽快在短时期内，让飞机制造业全面实现工业 2.0 无死角，也就是要完全消除靠手工进行加工的工种，如打磨、手工锉修、手工钻铰、手工下料等手工制造作业，使全员建立机械化、电气化的原始自动化思想，输入真正自动化的欲望。

第二步，在很快实现工业 2.0 的基础上，利用现有信息化或者称数字化条件，大面积实施作业信息化辅助下的生产过程自动化，刚开始可以实现分专业的封闭式自动化，再利用网络技术实现跨专业的柔性自动化，最后，赶上世界目前的潮流，真正进入工业 3.0 的门槛，注意，是进入门槛，而不是已经具备坚实的基础。

第三步，在进入工业 3.0 后，就要整体重新规划中国航空工业的布局，以"中国制造 2025"战略为支撑，结合飞机研制和批量生产的特殊性，利用国内外资源，科学合理地整合研发与设计、设计与工艺、生产与维修、销售与交付、运营与保障等全寿命组织机构，充分保障在适航监控下的飞机全生命周期的智能化运作，要研究包括智能设计、智能工厂、智能生产、智能物流等在内的一系列系统工程技术，彻底解决飞机制造中包括互换协调技术在内的一系列核心技术的智能化问题。做好飞机制造智能化全面铺开的思想准备、技术准备和物资准备。

第四步，实现飞机制造智能化。这是一个翻天覆地的变化，工厂里管理人员大幅缩减，技能工人大幅缩减，生产准备面积大幅缩减，技术人员不减反增，生产线维护人员会大大增加，售后服务会异常繁忙，项目管理因主供关系问题偶尔会出现梗塞，智能水平不同的供应商会有大量的问题等待主制造商处理。智能化时代有智能化时代的难题，如何管理好这片天地，都是现在应该开始循序渐进进行研究的课题。

结果与思考

　　与当年人们刚刚认识数字化一样，智能化也使人们对未来充满着无限的想象和无所不在的好奇心，为满足这个好奇心，人们必须要做好精神上的准备和物资上的开发。

案例 9.17　目标明确才能实现
——智能制造对航空制造现状提出的要求

1. 背景

借用一句话："实践是检验真理的唯一标准"，世界上的飞机制造目前都处于什么水平是我们分析和判断事物的准则和基础。

2. 主题切入

波音和空客，世界上两大飞机制造巨头，它们具备智能制造的条件了吗？它们在探索什么？它们还在使用什么样的技术造飞机？

3. 过程

近十年，我多次考察波音和空客公司，也造访过它们的主要供应商，给我的总体印象有以下几方面。

（1）它们的装配线在向自动化装配发展，有的已经实现，如 B737、B777、B787、A320、A350、A380 等，有的还是传统装配方式。我曾经与他们探讨过实现智能化或者无人化工厂之事，他们斩钉截铁地告诉我，他们的工会组织首先就不会答应，当然，这是在人权方面的反应。作为飞机制造的最后一环，前面都没有智能化，总装也无法实现智能化。

（2）它们的零部件生产还没有完全实现自动化。部件装配与模块化安装大多数还是手工作业。零件生产更是五花八门，机加生产有些已经实现自动化、柔性化作业，有些还处于孤岛式生产，小钣金容易实现全过程自动化、柔性化，大钣金则很少有实现流程自动化的案例。例如，为波音和空客以及世界上许多飞机制造企业提供翼类活动面的比利时的一家工厂，其产品质量堪称世界之最，但其特长专业均为传统工艺方法，谈起智能制造，它们认为那是一种理想。

（3）美国南方一家企业作为世界级的宽体飞机机身供应商，其技术专家曾经亲口给我描述过 B777 飞机的机身对接是如何从数字化协调返回到模拟量协调的；2019 年新闻报道，B777 飞机装配时采购了数百万美元的机器人是如何"挥泪告别总装线"的，取代它们的还是自然人。

（4）我十分关注世界上先进飞机制造技术的发展和进步，但关于智能制造方面的很少见有报道。也许是在保密，也许根本上就是在实验室开展的研究，目标用于生产的还没有大量的案例。

再来看看我国的航空工业，智能制造口号喊得响，论文轮番发表，各种组织和学会如雨后春笋般生成，但真刀真枪的实干试验田还没有发现。

那么，我国的航空制造在智能方面的发展要在以下几方面有所作为。

要研究飞机制造过程中的核心技术，重点研究国内外飞机制造行业内所有的核心技术，研究世界上先进的飞机制造商们对核心技术采取的智能策略是什么，将如何做。

要研究现有基础，只有了解自己的家底有几斤几两，才能在此基础上补仓加粮，针对性地提高自己，整体规划，分步实施。

要研究"智能工厂"，重点研究智能化生产系统及过程，以及网络化分布式生产设施的实现。

要研究"智能生产"，主要涉及整个企业的生产物流管理、人机互动以及3D技术在工业生产过程中的应用等。该计划将特别注重吸引中小企业参与，力图使中小企业成为新一代智能化生产技术的使用者和受益者，同时也成为先进工业生产技术的创造者和供应者。

要研究"智能物流"，主要通过互联网、物联网、物流网，整合物流资源，充分发挥现有物流资源供应方的效率，而需求方则能够快速获得服务匹配、得到物流支持。

🔍 结果与思考

其实，到达智能制造的道路还很漫长，只有耐下心，提升能力，才能水到渠成。

案例 9.18　手拉手，一起走
——智能制造环境下"主制造商-供应商"面临的新问题与解决方法

1. 背景

飞机制造行业都在关注智能制造问题，有的已经下水进行探索，有的只是岸上观望。未来的制造模式如何，一百个人有一百个说法。

2. 主题切入

在智能制造还是人们心中的下一道美食时，就必须提前考虑"主制造商-供应商"模式下，智能几何、制造如何、结果何在的问题。

3. 过程

飞机制造行业里，专业之多，分工之细，生产流程之长，工艺技术之复杂，是世界上公认的。在实行智能制造时，就"主制造商-供应商"之主题所考虑的问题会是千千万万、形形色色的。下面来分类分析这些问题。

主供模式作为飞机制造中的一个普遍运行的模式，主制造商是目标型号的引领者，如果主制造商在飞机制造的末端采用了智能制造，与传统制造工艺不同的是，供应商也必须配套实施智能制造技术，将会出现下面的一些问题。

（1）如果供应商还不具备智能制造的环境条件怎么办？

    A 重新选择供应商；

    B 主制造商自己做应该由供应商来做的工作包；

    C 等待供应商逐步提高自己的能力；

    D 给供应商投资，建立相应环境。

（2）如果供应商有自己的智能制造环境，但发展的路子和运行的环境与主制造商的原理不同，如何协调？

    A 重新选择供应商；

    B 主制造商改造供应商的智能制造环境；

    C 供应商不同意改变模式，如何解决；

    D 主制造商只要结果，不管过程。

（3）如果按照主制造商要求建立起来的智能制造环境，生产出来的产品偏离了主制造商的标准，如何处理？

    A 帮助供应商找出问题，解决问题；

    B 要求供应商反复研制；

    C 供应商从技术路线上看没有错误，如何解决；

    D 主制造商只要结果，不管过程。

（4）如果供应商的智能制造水平远远高于主制造商，而交付的产品在主制造商处因它的环境原因经常出错，主制造商如何进行技术引领？

    A 研究供应商的智能制造技术，推广到型号应用；

    B 主制造商改造自己的智能制造环境；

    C 把一部分主导权交给供应商；

    D 主制造商在型号设计初期，就要考虑主弱供强的解决策略。

结果与思考

    未来智能制造的发展，会出现现代飞机制造工程师无法预料的新情况，但只要按照自然辩证法和科学技术的原理去理解和处理，就有办法解决。

案例 9.19 以子之矛，攻子之盾

——论虚拟协调与实体协调之道

1. 背景

飞机装配，其协调技术是最主要的核心技术，无论在波音，还是在空客，概莫能外。能把这个核心技术熟练掌握和成功应用，飞机制造中的主要问题就解决得差不多了。

2. 主题切入

飞机协调技术分数字量传递协调技术和模拟量传递协调技术。我把两者称为虚拟协调与实体协调，这些年来，两者之间的关系经常扯不清楚，有人喜欢虚拟协调，有人喜欢实体协调，今天，就来"谈经论道"一番吧。

3. 过程

20 世纪，飞机装配协调技术中最可靠的手段是充分应用标准工艺装备作为唯一制造依据，从生产线的开头到结尾，层层传递，道道协调，最终把生产过程中的积累误差消除在末道工序里，追踪制造过程中的任何误差，都有不变的实体依据可作为标准参照物，丝丝毫毫的偏差，在这些标准依据面前都无可辩驳地显示出来，被各种工艺手段处理得干干净净，即便是矫枉过正，也都有据可查。所以，这种标准工艺装备称为飞机和飞机工艺装备制造的"老祖宗"。现在常被称为模拟量传递技术，也称"实体协调技术"。

21 世纪初，一种新型的传递技术随着信息化衍生出的数字化而诞生，这就是"虚拟协调技术"。它的原理就是一切用看得见、摸不着的数字来演绎协调过程。机械加工零件靠模型数据来编程制造，加工出来的零件靠数控测量设备，用同样是数据编制出的程序来测量。对于部件装配，也是用按照数据装配出来的工艺装备来完成，数据有正负偏差，偏差有各向异性，相邻的部件都来自数据，偏差方向可能正好相反，或成角度偏差，或受零件加工误差引起的不可知偏差，出现这种积累误差是无法靠统一的协调工具来消除和评判的，装配出来的部件，用先进的激光跟踪仪，或激光雷达，或数码照相点迹测量法去测量，可能都在理论公差范围内，但就是无法消除最终的积累误差，往往参与下级装配时，出现很大的在制造符合性合格范围内的、严重影响装配的误差，如 B777 首架机装配。如果寻根求源，很难去发现制造过程中的哪个偏差是最大的偏差贡献者，因此，就无法找出解决问题的思路，虚拟的世界让人很难捉摸到实质的对手是谁。

实体协调技术控制的是飞机产品的装配准确度，不太考虑产品的绝对精度；虚拟协调技术控制的是飞机产品的精度，判定准确度是它的短板。

在飞机研制批期间，按照少投入、多产出的原则，尽可能利用现有先进数字化设备和手段，来进行虚拟协调，反正对研制批来说时间成本最低；在批量生产阶段，生产组织细化到分钟，时间就是金钱在这个时期体现得最为明显，产品的协调一致性比产品的严格精度更为重要，这时，实体协调技术就是真理，就是好用的武器。

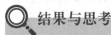 **结果与思考**

> 因时而用，因地制宜，才能有最大的成功概率。

案例 9.20　隔布袋买猫
——数字量传递带来的问题

1. 背景

飞机制造数字量传递在人们的心目中应该是在进步中的飞机制造先进技术，其优势可以取代传统的或者说以往的飞机制造技术，在二十年前，我也是这样认为，并且对其进行了潜心的研究和实践，随着经历的飞机型号越来越多，对世界上先进飞机制造企业的深入调研，才发现数字量传递有其进步的一面，也有其无能为力的一面。该案例就是数字量传递带来的问题。

2. 主题切入

2018 年，在某飞机总装现场，我发现翼身整流罩在机身上装配时，出现严重不协调的误差问题。A 公司负责整流罩上孔的制作，B 公司负责机身壁板上孔的钻制。A 公司的整流罩定位钻模工装是按照工程数模做的，B 公司在相同位置的壁板制孔工装也是符合工程要求的，但是，两件产品对应装配时，发现两者的孔位出现 3～4mm 的位置相对误差。二者都来自工程数据这一唯一数据源，因行走的工艺流程不一致，就产生了这个不可接受的偏差，这就是一味强调数字量制造造成的不协调问题。

3. 过程

分析一下 A 公司和 B 公司各自形成装配孔的工艺路线。

A 公司在整流罩上制孔是使用钻模板作为孔位依据的，经调查证明，钻模板上孔的位置是 A 公司通过数控机床加工出来的，数控机床的加工数据直接来源于工程数模，考虑机床本身的加工误差，也就是说尽管机床的精度很高，其与工程数据的准确度会产生一道误差环节 $\Delta_①$。钻模孔里还需压进一个有足够强度的耐磨衬套，衬套自身存在内外圆偏差 $\Delta_②$、$\Delta_③$。压衬套过程中产生一道偏差 $\Delta_④$。形成钻模板后，交付使用前，还要上测量机进行检验测量，会产生测量误差 $\Delta_⑤$。这样，即使不考虑环境因素的影响，在钻模板的制造过程中就会产生这些误差，加在一起，就是钻模板在理论上应该具有的偏差值，当然这些偏差的矢量方向和正负方向有很多情况，并不是纯线性的：

$$\sum\Delta_1 = \Delta_① + \Delta_② + \Delta_③ + \Delta_④ + \Delta_⑤ \tag{1}$$

B 公司在机身壁板上的孔位形成过程比较复杂，是由两条工艺流程形成的。一条是蒙皮制造工艺路线，一条是装配型架定位件的形成路线。

蒙皮制造的误差包括拉伸模具相对于工程数据的误差 $\Delta_⑥$，模具设计考虑工艺修正值与工程数据之间的合理误差 $\Delta_⑦$，蒙皮拉伸误差 $\Delta_⑧$，蒙皮成形后在蒙皮上制孔生成的偏差（包括钻孔工具自身的误差）$\Delta_⑨$，蒙皮运输到装配工位所产生的回弹和应力变形造成的偏差 $\Delta_⑩$。

装配型架上定位器的安装误差包括，定位器自身制造误差 $\Delta_⑪$，生根定位器的基础板安装误差 $\Delta_⑫$，型架装配机自身的精度误差 $\Delta_⑬$，型架装配机转接板的转接误差 $\Delta_⑭$，蒙皮在型架上的重力下垂误差 $\Delta_⑮$，蒙皮定位误差 $\Delta_⑯$，铆接成壁板时的变形误差 $\Delta_⑰$ 等。该流程误差为

$$\sum\Delta_2 = \Delta_⑥ + \Delta_⑦ + \Delta_⑧ + \Delta_⑨ + \Delta_⑩ + \Delta_⑪ + \Delta_⑫ + \Delta_⑬ + \Delta_⑭ + \Delta_⑮ + \Delta_⑯ + \Delta_⑰ \tag{2}$$

则（1）+（2）一共有 17 道误差环节，出现 3～4mm 偏差就不奇怪了。

从根本原因上讲，A 公司的钻模板上的孔位没有与 B 公司的相应位置进行过协调，是按照纯工程数模作为制造依据的，认为这样就万事大吉了，殊不知，B 的壁板装配型架是按照型架装配机制造的，两者根本就不是采用相同的工艺方法来制造的，怎么让其协调？两者不协调是必然的。

结果与思考

　　蒙上眼睛干活，自身功夫再硬，都不如面对面协调来得自然。正所谓，隔山打炮，隔布袋买猫，都会出现问题，数字再精确，遇到实物不规律，就得抓瞎。

案例 9.21　最好与我无关
——当飞机制造过程中遇到技术难题时，脑海里冒出的第一个想法

1. 背景

飞机制造是国家制造工业皇冠上的一颗最明亮的珠子。既然要打造出璀璨的明珠，就会在加工过程中遇到方方面面的难题，真金还要烈火炼成，明珠更要百般雕刻。因此，飞机制造不是一帆风顺的，而是要百炼成钢的。

2. 主题切入

飞机制造过程中，会遇到很多技术问题。遇到技术问题，无论你是学富五车的大师，还是初出茅庐的嫩芽，都会在心里产生对问题的判断和寻找处理问题的路子。

3. 过程

遇到问题，无非就是以下这些思路。

（1）推给飞机设计师来处理，希望设计放松要求。这一般是制造厂工艺部门的想法，飞机是你设计的，遇到问题，当然应该由你来说了算，别人说了不算。这反映了一种懒惰的思路，遇到问题，不分析，只要推出去，也反映了这部分人没有多少实践经验。

（2）找高手共同来处理。我经验不足，还是找高手来研究吧，他们会有办法的，这里的高手一般是指高级工程师这样的专家。这其实也是一个处理问题的思路，承认自己不行，不要耽搁事情，让高手来处理问题，还可以跟着高手学本领，这一般就是经验不足又想上进的人的想法了。值得肯定和鼓励。也许经过一个型号的考验和锻炼，遇到下一个型号时，这些人就是高手了。

（3）找出真正原因，自己设法处理，积极实践，不断积累经验。这应该是大部分工程技术人员的选择。认真工作，苦心钻研，努力学习，创新方法，利用一切可以利用的手段和工具，攻关研究，持续不断，直至解决。从实践中求真知，在经历中增水平。把工作交给这些人，就会放心，这些人就是企业的脊梁，型号的骨干，总师要从这些人中选拔。

（4）只要不发生不可收拾的后果，马马虎虎对付过去。这种人不在少数，生活中可能会斤斤计较，工作上得过且过，是属于顾小我不顾大局之人。平时对待工作不会认真去深入研究，他们遇到技术难题，也许不会推出去，但绝不会处理得利利索索，会把整齐划一的事情弄得零零碎碎，结果令人失望，也许会让人看到他也在忙忙碌碌，显得很敬业似的。大事情千万不能交给这些人去做，就是交

给他们，也要随时盯紧了，不然会影响大局。

（5）看到只当没看到，置之不理。这是不负责的表现，对于这种人，要具体情况具体分析，真正懒惰者要攻心教育，偶尔情绪不对，要帮助其解决困难，调动积极性是首要目标，指望这些人解决急活，似乎无效。

（6）推给别人去处理，自己脱身。这些人，要不就是不热爱工作，要不就是耍奸卖滑，不可依靠。对待这种人，要冷处理，让其感到危机重重，才有可能触动他们的灵魂。

（7）事不关己，高高挂起。这是一种工作不积极的态度。明明问题就在眼前，就是觉得和自己没有半毛钱关系，不去触碰，任其存在，看别人忙得团团转，自己闲得无聊，让人想起了老话说的那种一手提着鸟笼子、一手拿着一把芭蕉扇的闲人。你想让他多干点活，理都不理你。

🔍 **结果与思考**

> 遇到问题寻找不同的路子，说明了一个人不同的境界，境界决定一个人的未来，把握机会，敢于担当，要有底气，前途无限。

案例 9.22　难者不会，会者不难
——三天会议解决不了十分钟就可以解决了的问题

1. 背景

有些人喜欢开会解决问题，问题是开会没有效果，许多一句话就能说明白的问题，非得开三天会议，白天开，晚上开，并且对此种"辛苦"沾沾自喜，多少大事就在这没完没了的开会中给耽误了。

2. 主题切入

关于开会，全世界都在讨论这个问题，什么样的会长开，什么样的会短开，什么样的会要站着开，什么样的会可以不开。我在企业四十多年，经历了太多的会议，见识了各种各样的会议，本案例讲讲我所经历的三天解决不了十分钟就可以解决的问题的会吧。

3. 过程

一个企业，在日常遇到生产和技术问题时，总负责人喜欢把各个部门的负责人集中到会议室开会。对于一个历经沙场的战将来说，本来就是十分钟就可以解决的问题，非要开会解决，最长的一次，整整开了三天三夜的会，最后把所有人开得精疲力尽。

如何解决这个问题？

第一，企业要解决专业负责人队伍的建设问题，在用人方面要有大局观，不要有肥水不流外人田的思想，要能者上，庸者下，快刀斩乱麻，长痛不如短痛，彻底解决管理效能问题。

第二，企业在专业决策上，要培养重视专家作用的文化作风，不要以势压人，管理者不要去干涉已形成的技术决策，因为你的专长不在技术上；从技者勤奋从技，不要看眼色行事，因为眼色你往往看不懂。

第三，飞机生产一线出现技术和质量问题，要带领技术和质量团队深入一线，了解情况，分析原因，处理问题，不要关起门来纸上论道，这样开会不但不能针对实际情况有效解决问题，更会引起漫天的扯皮现象，效率自然会低了。

第四，能开短会，就不要开长会，长会往往是事倍功半，效率不高。

结果与思考

能让人心里给你竖大拇指的，就不要让人在背后嘀嘀咕咕。

案例 9.23　翻车都不明白是如何翻的
——当基础还不扎实时，就想弯道超车

1. 背景

常常听到一句话，要弯道超车。这是一句十分提气的、鼓舞人心的话，也是一句不明所处环境而后果很严重的话。

2. 主题切入

弯道超车是需要一定基础的，在基础不牢的弯道，超车有很大概率造成翻车。

3. 过程

弯道超车，应该出自具备深厚底气者之口，应该是深藏不露者的惊人之语，应该是厚积薄发的结果。总而言之，在这句话背后，应该有扎实的基础。

但是，现在太多的人不是出于扎实的基础，而是出于相当浮躁的心态提出弯道超车的，如果说一个普通人喊出这个口号，大家一笑了之，无碍大局，但如果是一个行业的负责人不顾自身的基础条件，成天喊弯道超车，那带来的后果就不

是能不能刹住车的问题了，而是要车毁人亡了，就会毁掉一个行业。

要想弯道超车，必须做好以下几方面的工作。

（1）认真分析自我，不仅要看到自己的长处，更要认清自己的短板。长处不需要弯道超车，短板说明你基础缺乏，没有弯道超车的先决条件。

（2）在夯实自我基础的前提下，分析未来的发展方向，总结前人成功的经验，吸取前人失败的教训，可以少走一些前人所走过的曲折弯路，使自己的道路更平稳顺畅一些，这就是一步一个脚印的扎实之道。

（3）在极具优势的条件下，可以充分利用世界上最先进的技术为我服务，在得到技术之时，不要丢掉自己的立场和人格，核心技术一定要掌握在自己手中，知识产权一定要自己把握，在这种情况下，放心大胆地弯道超车吧。

🔍 结果与思考

　　水能载舟，亦能覆舟，捷径虽近，却能翻车，口号可以振奋人心，但审时度势，踏踏实实走稳面前的路，才能赶欧超美。

案例 9.24　这都敢忽视？
——互换协调技术到底算不算核心技术？

1. 背景

某飞机制造企业集智纳议，费尽一番心血地建立了属于自己的核心技术清单，我一细看，惊奇地发现，飞机制造最核心的技术——互换协调技术没有被收进去，这是怎么回事？

2. 主题切入

什么智能呀，5G 呀，数字化呀，绿色呀，环保呀，什么时髦写什么，就是没有最重要的核心技术。

3. 过程

行业内都知道，飞机制造生产过程中，最重要的环节是装配，没有之一。而由于飞机结构和功能的特点，装配工艺中，最核心、最关键的技术是互换协调技术。因此，飞机制造企业往往对互换协调技术极其重视，需要不遗余力地进行研究并投入精力与成本。

零件在制造时，就必须开始考虑其参与组件装配时的协调公差分配问题和交付状态问题，不是说只要符合产品尺寸要求就是合格零件了。大量事实证明，符合产品图样尺寸的零件经常会出现装配不到位的问题，而在工艺准备时，提前策划好应对措施，就可以使得后期装配更准确。这些都是为协调而开展的工作。

组件在参与部件装配时，也要按照装配要求进行工艺设计，该留余量的就必须留足余量，该偏离工程图样的就必须偏离，要预测装配过程中由于应力而出现的组件变形和位移，根据变形和位移考虑组件的实际状态要求，这些也是为最终装配符合性而产生的协调装配技术。

在部件参与全机对接时，各个部件都已经存放多时了，其对接面由于部件本身复杂因素引起的应力释放带来的变形，会使得各对接界面出现形形色色的状态，这个时候，就是对工厂飞机制造整体技术的严峻考验，尤其在研制批，相同部件的同一位置的情况可能有很大的差异，如何事先就对这种差异准备好改正和弥补的预案，就是对型号总工程师或总工艺师最大的考验，这就是互换协调工作。

🔍 结果与思考

由此可见，如果在飞机制造企业的核心技术清单里不把互换协调技术排列进去，这样的企业想在行业内出类拔萃就只是说说而已。

案例 9.25　说重要也未必
——飞机制造企业中总工程师的作用与重要性

1. 背景

中国商飞成立时，曾经有一个著名问题：飞机制造厂的总工程师是干什么的？一时间，被问者目瞪口呆，张口结舌。这是为什么？

2. 主题切入

从背景材料里看出，如果缺乏实战经验，一时回答不上来非常完整的答案，但简单解释一下还是应该的。

3. 过程

首先分析一下为什么上级负责人会问这个问题。在不同的行业里，总工程师有不同的作用。有些行业不设总工程师一职，因为制造厂的一切制造工艺方案都由研究所的设计部门负责，所以，总工程师的必要性也就显示不出来了，而航空制造厂里，总工程师基本上是除总经理以外的主要负责人，也就是通常所说的二把手，飞机制造的所有工艺技术都由工厂里的设备条件所决定，飞机设计的图样能否在制造厂生产出来，不是由设计说了算，而是由总工程师负责下的总师系统来决定，所以，总工程师在飞机制造厂的作用举足轻重。

研制新型号时，总工程师要在第一时间内用他丰富的知识和经验，了解新型号都有哪些新技术、新材料、新工艺和新设备，这四新基本上都是企业目前所缺乏的，总工程师就必须提前组织各专业力量进行调研、考察和论证，该进行攻关的就立项攻关，该购置技术设备的就进行技术改造，该补充专业人员的就外借内调进行解决，特别是工艺准备和生产准备，工艺装备的全面研制等，都是总工程师当仁不让的责任。

在负责型号研制时，总工程师就是制造方面的总司令，技术、生产、项目、质量、采购供应、后勤保障、资源调配以及与国内外供应商的协调等，都是总工程师的分内之事，因为型号研制时期的各种问题层出不穷，瞬息万变，都有密切联系，只有统一调配各方面的力量，才能打好研制这场硬仗，在这个阶段，上至公司一把手，下至负责人班子内的所有成员，在型号研制工作方面，都是总工程师的助手，所以，总工程师的手中资源相对比较集中。在飞机批量生产阶段，各种技术问题都基本在研制批得到了解决，生产已经走顺了，在这个时期，公司负责人班子内成员各司其职，组织资源，进行批量生产。作为总工程师，在这个阶段，只关注个别突发问题的解决，其在飞机制造组织上就变得潇洒一些了，也就是说，其重要性退化了。他就开始关注下一个型号或公司基础能力建设的工作了。

基础能力建设也是一个企业发展的重要工作，企业在飞机制造方面缺什么，根据型号的发展，不同时期内要补充什么，都需要总工程师做出战略规划，这就要求总工程师不但要有丰富的飞机制造实践经验，也要有战略性的前瞻目光，更要有对飞机制造技术发展的高度敏感性。

同时，在总工程师体系下，有若干负责型号的副总工程师，有总工艺师、总冶金师、总特设师、总机动师和生产长四师一长设置，总工程师必须有控制和负责这些专业领军人物的能力和经验，使其团队在企业发展方面发挥最大作用。

结果与思考

一个优秀的飞机总工程师是在长期的制造实践中锻炼成长的，学位的高低并不能决定总工程师的水平高度，一个优秀的总工程师会带领企业的技术进步。

案例 9.26　隔行如隔山

——飞机设计师遇到制造工艺问题的尴尬

1. 背景

一天，针对一项衍型机产品，制造厂的工艺部门在介绍制造方案，每介绍一部分，设计都要问很多不明白的问题，从所提的问题来看，似乎设计方面并不知道他们设计的产品是如何制造出来的，这个问题非常可怕。

2. 主题切入

从校门到厂门，学飞机设计的莘莘学子一头扎进计算机，进行飞机各专业的理想化设计去了，而学飞机制造工程的学生们则沉浸于制造的海洋里畅游。长此以往，设计只管设计，并不关心工艺，飞机设计员费尽心思把产品设计出来了，但不知道制造是怎么干出来的。

3. 过程

如今，在我国飞机生产过程中，经常陷入尴尬处境的问题有以下这些。

（1）不考虑工艺方法的产品设计。飞机设计师在设计飞机时，主要满足飞机原理和性能要求，至于说是否适于制造，制造工艺对飞机的影响有哪些，产品设计不作为重点考虑，造成了产品的工艺性很难保证。就设计七阶成熟度来说，主要是产品建立成熟度，也很少在工艺技术方面与成熟度主动发生密切关系，不考虑工艺方法的产品设计就像一只板凳缺两只腿，站不稳。

（2）不懂工艺的设计人员在进行产品设计。当然，对于飞机设计师来说，他们在大学学的可都是飞机设计专业呀，至于说飞机制造工艺专业，那是他们的邻居专业，他们并不必用功，他们大学毕业或研究生毕业后，就到设计院从事飞机设计，制造企业对于他们就是外单位的说法，既然是外单位，那么，外单位的制造工作也就不关自己什么事了，也就是说，不懂飞机制造工艺的设计员在设计飞机，将来飞机怎么样，看图即可，制造出来什么样，不知道呀。当然，这就是开个玩笑，20 世纪的老几代设计师，到一线去，到工人队伍中，拜工人师傅为师，经常深入制造生产线，深入了解制造工艺，对制造工艺说不上了如指掌，也会做到胸有成竹，他们设计出来的产品，是紧密结合现场的生产工艺的，既满足产品的技术要求，也满足制造工艺性要求。但是，今非昔比，鲜有年轻一代的设计员愿意下基层拜工人师傅为师，以英才培训为追求目标的大环境，没有人舍得花功夫在自己的专业外去探索未知世界。就是身边有那么几个为数不多的富有设计和工艺经验的老师傅和老专家，也不会被年轻人重视。不懂工艺的年轻一代设计员在理想化地设计飞机，其可制造性往往要画个大问号。

（3）产品制造过程中出现技术质量问题，撇开工艺，直接交给根本不知道制造方法的设计去处理。这种处理流程，给飞机设计队伍造成很大压力，第一，本来就不是设计错误；第二，设计不知道制造方面到底发生了什么事情，只好按照图样，就事论事，如果不能使用了，就报废，再去制造一件，如果生产现场说时间来不及、成本不划算，不能报废，就写上"原样使用"，对付过去；第三，后面的架次制造时，很有可能发生同样的问题，前车之鉴，继续"原样使用"，使问题重复不断地发生，反正也没有规定说"原样使用"不许超过几次。

（4）设计大量给出"原样使用"意见的背后隐患。上面已经提到，"原样使用"这一处理方法实际上没有从根本上解决问题，它不是承认原设计有误，也不是说制造工艺有问题，而是客观上让错误一遍遍地重复，对产品性能造成连锁性的影响。下一架次，也会出现相同问题，责任者永远找不到，质量永远无法保证，更重要的是问题永远无法归零。

（5）"双五归零"到底是该归设计，还是该归工艺？"原样使用"与"双五归零"是一对矛盾，"双五归零"是一劳永逸地解决问题，并且要举一反三地不要在类似地方犯同类错误，"原样使用"是带着问题往下走，也会"举一反三"地处理类似问题，以致使问题越来越多，越来越大，越来越不可收拾。"原样使用"会使轰轰烈烈的"双五归零"尖钉泄气，也会让质量管理手中无力，本来质量想给产品判"死刑"，却接到一份"原样使用"。"原样使用"看起来好用，实际上深藏隐患。

🔍 结果与思考

> 要让设计懂工艺，是属于一岗双专业，需要经历多个型号的锻炼，还要潜心于航空事业的钻研，体制上的改革是一方面，时间上的磨砺则是另一方面。

案例 9.27　正确认识，才能有效借鉴
——欧美飞机制造文化与中国飞机制造管理方面的不同

1. 背景

在飞机制造行业摸爬滚打四十年，我深深感觉到中国飞机制造与欧美飞机制造体制方面的不同，这些不同，给中国飞机制造带来的是许多不理解和许多管理混乱。常常听到"对比欧美地区，中国飞机制造为什么有许多困难"这样的疑问，本案例就在这方面做些分析。

2. 主题切入

干线飞机，中国人受制于美国麦道公司的管理约束，高层也有一种通过制造 MD90 来学习麦道飞机制造全套技术的愿望，所以，在飞机研制过程中，几乎是照搬麦道的管理制度，可是，引进的时候却似乎忽视了国内的航空工业体制与美国航空工业体制有很大的不同，尤其在飞机设计和制造工艺方面有本质上的差别。

3. 过程

美国体制中，飞机设计与制造工艺于一体，发到制造方面的技术文件既包含设计文件，也包含工艺文件，制造厂只要在生产管理机构中设置简单的制造工程人员即可。这些制造工程人员不是设计工艺，而是按照设计工程部门下发的包含设计信息和工艺信息的技术文件，结合工厂的制造设备情况，编制简单明了的工艺流程，也就是 AO/FO。这些 AO/FO 实际上属于生产计划流程，里面可写得简单易读即可，如按图制造、按图装配等，具体的制造工艺方法在飞机设计工程部门下发的设计技术文件、工艺技术文件和类似的工艺标准规范里都能够找到。

所以，在飞机制造现场发生的任何技术质量问题，都必须由飞机设计工程包括工艺设计工程在内的飞机工程部门人员处理，工厂的制造工程无权处理现场问题，或者授权处理。那么如果需要，在制造厂也会有一些被授权人员代替设计处理一些授权范围内的问题，这些人员称为 DIMER 人员。

而在中国的飞机工业内，工艺设计机构在工厂内，飞机设计部门只管飞机图样设计，不管工艺设计，一切制造工艺问题，都由工厂的工艺主管部门处理，这个处理指令称为"工艺指示单"。在中国的飞机制造厂，工艺指示单除不能处理飞机设计图样上的问题以外，对于制造过程的所有问题都有权处理，在工厂内属于最高级工艺制造指令，可以定工时，可以进行制造考核，可以指令生产部门去做与工艺相关的一切事务，只要不改变飞机产品的性质。

麦道公司就是想不通，为什么中国航空工业用这份东西指挥生产，而不是靠设计指令来指导生产，为此，国内在干干线飞机的开始阶段时，一直是在"偷偷摸摸"地使用工艺指示单处理问题，不敢让麦道专家知道真情。但是，纸是包不住火的，不久就被麦道专家发现了。

麦道专家直接找到公司高层，西飞总工程师发现此问题应该给麦道公司专家解释清楚，不能再披披藏藏了，于是，就找到我出面与麦道专家交涉。

我先是从两国飞机制造文化的不同讲起，然后介绍中国的航空工业体制，特别告诉他们，中国的工艺设计在工厂，不在设计院，飞机设计不管工艺设计，所有工艺问题都是由工厂负责处理，设计不负责处理。

听了半天，麦道的专家似乎有些懂了，提出了工厂处理问题会按照飞机设计的技术文件进行吗，飞机产品质量如何保证，工艺执行过程中飞机设计扮演什么角色，等等，我都一一解答，麦道专家终于明白了是怎么回事，但一再强调，工艺指令一定要经过飞机设计批准。这个环节纠缠了很久，中国飞机设计部门出面解释，设计无权处理制造工艺问题，但制造工艺处理的所有问题的结果是必须生产出符合设计要求的飞机零件等。最后，麦道专家勉强同意了这个处理方法。

结果与思考

不同的工业体制产生出不同的管理方法，只要对症下药，就可以药到病除。

案例 9.28　其兴也昔焉，其乱也始焉
——会议纪要满天飞

1. 背景

会议纪要，作为一种公文形式，对于一个国家、一个机关，也许是一件很重要的文字记载，例如，历史上大事件的会议纪要，都是留存千古的历史资料。但是，作为一个生产性企业来说，尤其是反复批量生产的产品制造企业，用会议纪要来进行生产管理，却是一个值得商榷的事情。

2. 主题切入

飞机制造就是一种批量生产的性质，它是要反复重复进行相同的生产性活动，一个企业采用了会议纪要来管理飞机生产中的各种活动，高层决策采用会议纪要，项目管理采用会议纪要，技术管理采用会议纪要，供应商管理和物资采购采用会议纪要，飞机交付采用会议纪要，甚至质量管理也采用会议纪要……会议纪要满天飞，既无类型编号，也无严格格式要求，更无存档程序，还无跟踪工具，且无考核结果，至于会议纪要内容的件件落实更是天方夜谭。本不属于专业文件，作为纯专业管理的飞机制造各业务部门，发纪要者感觉重要，执行会议纪要者转眼即忘，大家都感觉到会议纪要好像与自己有关，也好像与自己无关，对自己有利则执行，对自己不利则忽略。特别是多年过去之后，想查一下历史过程，根本无处寻找原始会议纪要的踪影。好多事情都因为会议纪要的不存档、时效性、无权威性而受到耽误。

3. 过程

飞机制造活动是一项系统工程，如上所述，按照业务流程分，有项目管理、供应商管理、采购管理、技术管理、生产管理、计划管理、质量管理、工装管理、热工艺管理、冷工艺管理、构型管理、科技管理、档案管理、信息化管理、设备机动管理、后勤管理等，在每一个业务中，又有分门别类的专业渠道，林林总总，纷乱复杂，如果都用一个会议纪要去理顺管理，则是非常困难的，打乱仗的可能性大大增加，因此，在飞机制造活动中，分别用区分明显的文档形式来管理是十分必要的。

在中国航空工业，有行业标准对各种管理文档进行规定，各个企业按照行业标准执行，同时，各个企业根据自己的管理需求，再制定行业标准规定大类别下的细节文档管理，这些细节管理纳入企业标准，企业标准向行业内相关企业进行传递和交流，在主制造商与供应商对同一型号产品进行研制和生产时，可以在统一平台上进行工作，有条不紊。

当然，有人说了，国内一些行业就是使用会议纪要来指挥产品研发，来进行管理，注意，这里的研发，通常情况下指的是产品属于单件制造，而不是批量生产，单件制造是一次性产品无恢复性消耗，当产品完成其历史使命后，所有与该产品研发过程中产生的会议纪要都没有保存的必要了，也没有保存的意义了，一次性会议纪要特别适合这种单一制造过程，分门别类地使用需要长期保存的各种文档也无实际意义，除非作为历史资料存档供写回忆录之用。

结果与思考

一件事物，用在不同的环境中，可能会产生不同的效果，一味不顾客观现实地去借用过去的习惯，其兴也昔焉，其乱也始焉。

案例 9.29　想，跟我来（Follow Me）
——你想不想自己做一个飞机制造厂？

1. 背景

21世纪初，中国启动了发展民用航空制造的热潮，制造飞机如今成为中国人的梦想，国家专门成立了商用飞机公司，各地的民营企业也在源源不断地参与或者试图参与飞机制造，甚至有一些个体作坊也在制造自己的各种飞行器，飞行器制造在国内越来越受到重视。

2. 主题切入

那么，要做一个飞机制造厂都需要具备什么样的专业和能力？行业外的观众大多认为非常神秘，摸不清头绪，我经历过某大型飞机制造厂的第二次再造过程和中国民机制造基地的规划和建造过程，在这里简明扼要地介绍一些情况。

3. 过程

其实，建造一个飞机制造厂，从技术上来说，并不复杂，要掌握几个基本原则和要求。

（1）明确制造范围。也就是说，你是想成为像西飞、成飞、沈飞这样的主机厂，还是想做飞机上的某个部分、结构或系统。这决定了你将成为一个主制造商还是供应商。

作为主机厂，也有两种可能，一种像波音、空客、中航工业的主机厂那样，具有从工艺装备研制，到零部件制造，直至飞机总装、试飞和交付的全功能、大而全的飞机制造厂；另一种就只在总装制造方面有能力，而没有全机研制的条件。前一种，就要全方位规划出飞机制造生产线，除了原材料、发动机、标准件等需要供应商供货，所有的零组部件生产的能力都必须具备。而后一种则只需具备飞机对接和系统总装能力，所有部段和成品件、系统件等都有专门的供应商提供，把飞机总装工艺流程建立起来即可，但要有强有力的采购与供应商管理能力，还要有畅通的物流运输渠道。

作为飞机零部件的生产制造厂，或成品件、系统件的制造单位，就不必考虑建立总装制造能力，只要针对项目目标建立相应能力就可以了。

（2）制定具体规划。一旦确定制造范围，就要进行建厂的具体规划。飞机制造是一个专业性十分强的行业，在成为合格的制造商之前，没有经历的雄心壮志者，恐怕很难想象飞机制造都需要哪些工艺流程，也谈不上会做出很好的建设规划，这时，就要寻找有规划航空工业产业的设计研究院进行帮助了，客户提出准确的条件和要求，设计院就会做出很专业、很具体的规划设计。

（3）具备核心能力。对于未来的制造厂，最主要的是不要建成一个什么都想干，什么都干不精的制造企业，你有别人也有等。要具备别人没有的能力你有，别人干不了的活你能干的能力。这就要求自身具备关键核心能力，可以从人力资源方面入手，可以从特种设备方面引进入手，还可以从关键技术上下功夫。例如，在机加方面，你具有国内独一无二的复杂加工设备；在钣金方面，别人还在粗放式制造阶段，你已经到达精细钣金加工阶段了；在装配方面，你有一个资深的解决协调互换问题的专家团队等。

（4）掌握关键技术。飞机制造中有一般的普通技术，也有特殊的关键技术，车铣刨磨钳、冷热锻铸木，谁家都会有，但其中的绝招并不是人人都有。况且，飞机制造绝非常规制造那么简单，如钣金精细制造、钣金镜面铣切、钣金喷丸加工、难加工材料的机械加工、复合材料制件的制造、协调装配技术、飞机活动面的互换技术、工艺装备的协调技术、飞机总装对接的自动化技术、移动生产线技术等。还有具有知识产权的一些技术，如专利技术、创新技术甚至是保密技术等。拥有这些关键技术，你就可以在本行业内风生水起，立于不败之地。

（5）会聚资深人才。飞机制造不但需要完备的设施，更需要有经验的人才。飞机制造业已经有一百多年的历史，国内外有千千万万个飞机制造资深专家人才，有些人才在合适的环境里，位于一个合适的岗位，干着合适的工作，也有相当多的资深人士并没有那么顺利，也许在不合适的环境里混日子。这就要飞机未来企业的管理者有火眼识真金的本领，有高薪引人才的气势，有大海纳洪流的能力，把合适的资深人才吸引到自己的企业里，使其快速成长，建功立业，开天辟地。

（6）建立管理体系。一套适合国情、民情、司情、业情的飞机制造管理体系，对一个飞机制造企业的运营和发展十分重要。粮草军马都有了，行军路上障碍重重，处处设绊子，时时斩乱麻，人人耍扯皮，必定会影响企业的顺利发展。国内外成功的管理体系比比皆是，但并不是谁家的花种在自家院子里都会适应环境，茁壮成长，要根据自己家的实际情况，因地制宜。在这方面，有成功的案例，也有失败的现实。

例如，苏联模式经过几代中国人的引进、加工、发展、创新，逐渐成为适合中国飞机研制的管理体制；而欧美的某个体系，照搬过来几十年，没有进行改造创新再发展，至今水土不服，继续阻碍着飞机制造的顺利进行。

（7）查验账户资金。上面都理解了，就可以大刀阔斧地干了，但是别急，还有最后一关，查验你的账户资金，也就是看看你的腰包里有多少银子。要知道，国家干航空，一出手就是千亿级投入，圈地、建厂买设备、招兵买马、立项研制。即便是波音干飞机，也是一个型号几百亿美元的投入。你是不是富可敌国？有没有能力进入这个高层门槛？就是制造部件，也要有一定的资金实力。

没有资金，在目前高水平的航空制造业面前，制造飞机就是一种美好的幻想，也是一个虚拟的幻象，再有多少个口号都会被打回零点。

🔍 结果与思考

这个案例似乎有些令人扫兴，但客观事实就是客观事实，解决不了以上的所有问题，制造飞机就是没有翅膀想翱翔。

案例 9.30　虚拟与现实的激烈碰撞

——研制批量生产都做了哪些事情？

1. 背景

飞机制造分研制批量生产阶段和批量生产阶段。研制批的生产特点与批量生产阶段的生产特点有相同之处，但也有很大的差异，它们之间的关系是，研制批阶段为建立条件阶段，批量生产阶段以研制批建立的条件为基础，迅速进入快速生产阶段。

2. 主题切入

行业外的人认为飞机生产嘛，就是按照一个模式生产下去就可以了，何为研制批？何为批量生产？不都是制造嘛。其实，庞大的飞机制造工程是一个复杂的系统工程，并不是拿来材料照图施工那么简单，而是有了图样，也不一定生产出来的东西就是最终想要的结果。良好的开端，也许就是十分麻烦的结果。

3. 过程

那么，研制批量生产到底是怎么回事？

（1）研制批的制造技术准备。不管是串行工程或者是并行工程，在这个过程中，对飞机设计图样的工艺性审查是主要工作，这个工作就是严格把守设计图样发放到生产现场的关，如果制造企业根本无法对飞机某些零部件实现生产安排，就要与设计进行谈判或者建立制造企业自己的生产能力，正所谓技术准备就是为打赢型号制造之仗而准备武器。其间的输出物就是各种指令性工艺技术文件，如工艺总方案、装配协调总方案、制造总方案、工艺装备技术条件、技术改造技术条件、原材料采购清单等。

（2）生产准备。就是为开工生产零组部件产品而建立生产线装备，主要的工作就是设计和制造各类工艺装备，交付到飞机生产车间，为生产做准备。

（3）投产准备。在这个准备工作中，包括操作性工艺文件（AO/FO）的编制，工艺装备的首次合格到位，生产线技术改造的实施，攻关成果的有效转换，工时定额的分解，制造原材料的输送到位，工艺流程的预期畅通。

（4）首件开工。这是一个具有里程碑式的节点，意味着新型号飞机开始实物生产了。首件开工，不但实现了飞机由虚拟世界转化到实体的开始，也说明了飞机制造企业部分做好了型号研制的生产准备，一般来说，首件开工是研制批的几架份同时投产开工，五到六架份零件同时投入制造流程。有些开工是象征意义上的，有些则是实际上开始生产飞机零件。

（5）首架和研制批架次飞机制造。首件开工后，研制批的几架份飞机开始制造，在研制批几架份飞机中，选择一架飞机作首飞飞机，一架份作静力试验飞机，一架份作疲劳试验飞机，还有两到三架份飞机与首飞飞机一起作试验验证取证试飞飞机，要在空中飞各种科目，有些飞机甚至在取证后，根据各方面的需要，还要继续试验飞行很多年。

（6）首架试飞。首架飞机的成功试飞，代表了型号的最基本功能得以实现，也代表了飞机制造生产线的制造工艺得到了成功验证，质量体系也走了一个过程，故，打通了飞机制造生产线。但是，首架飞机的成功首飞，并不代表该型号已经成功，还有成千上万个空中飞行项目等待着去试飞，这一点和航天火箭有本质上的不同，火箭只要成功上天，就说明型号成功了。飞机只有取得证书，才算成功，才可以交付用户去运营。

 结果与思考

研制批的工作是理想产品的虚拟与生产性现实的适应性磨合。

案例 9.31　车走车路，马行马道
——批量生产显然与研制批有很大不同

1. 背景

新型号飞机必定要通过研制批的考验，得到当局的适航授权和发证，才能够进入批量生产阶段，在批量生产阶段所做的工作与研制批既有相同点，也有不同点。

2. 主题切入

本案例主要介绍批量生产在具备条件方面与研制批时的差异。

3. 过程

飞机进入批量生产阶段，型号研制中出现的大量问题已经基本解决，生产开始进入稳定状态，除了可选件可能因客户不同会出现构型变化外，其他部分制造呈重复循环过程。

1）这时候的特点

（1）飞机型号已经定型。

此时工程设计已经定型，民机型号合格证已经颁布，生产许可证已授予工厂。

这个时候，飞机已经可以提供给用户了。民机交付客户，设计不会大改，工艺已经冻结，飞机进入批量生产。此时的飞机产品出现制造问题只是偶然的，而不是必然的。而设计问题在经过研制批考验，经过静力和疲劳试验后，就不会有大的更改了。

（2）制造工艺已经通过研制批考验。

经过研制批，工艺方案目标得到实现，装配协调方案得到认证，工艺流程得到实践考验，工艺规程得到鉴定，工艺指令得到版本冻结，工艺设备经过几架份的生产摸索也处于参数固结情况。如果要采用新技术、新工艺，前提是大的方案不能改变，可以在原有基础上进行优化。

（3）工艺装备已经经过投产验证。

经过研制批飞机的历练，生产线上的工艺装备都满足了其正确功能和精确性，生产出了合格的飞机产品，零件工装（机加工装、钣金工装、复材工装等）在不断的完善过程中二次合格（通过生产验证），装配工装已经在解决了大量的协调问题后保证装配件符合工程要求，地面设备和试验设备已经顺利实现工艺要求的结果。此时，工艺装备已经能够支持飞机进入批量生产阶段。

（4）操作者对制造对象已经熟悉。

进入批量生产，预示着操作者对加工对象已经心中有数，对工艺方法已非常清楚，对材料性能、加工参数、装配顺序、试验流程等都了然于胸，吃透了工艺文件及工程文件，练兵阶段结束，真正的批量生产开始。

（5）型号管理已经走出一条科学之路。

型号项目管理从摸索到成熟，针对制定型号的项目管理模式已经得到方方面面的认可和理解，管理的理顺提高了信息的传递效率，加快了物流供给和生产组织的节奏，缩短了零部件的交付周期，保证了飞机交付用户的节点。

（6）飞机制造不协调问题基本解决。

从整机到部件、从部件到组件、从组件到零件、从系统到结构，在研制批期间，自后向前进行过一轮轮的工艺完善和优化，在制造完善过程中，零件与零件、零件与组件、组件与组件、组件与部件之间的关系经过几次的协调制造和装配，均已经达到相互配合一致的状态，各个环节均已符合工艺要求及工程要求。制造不协调问题已经解决。

（7）主制造商与供应商之间已经进入愉快合作期。

在生产几架份飞机部段件或系统件后，供应商已经充分理解主制造商对供应商的各方面要求，供应商自己的制造工艺、设备、管理体系等已经逐渐适应型号飞机零部件的制造需求，由于"把供应商出现的问题当作主制造商自己的问题"的思想已经贯穿整个项目管理，技术质量问题数量大大降低，双方的摩擦越来越少，相互关系已能够在双赢的平台上进行合作。

（8）适航当局的关注点已经转移。

在研制期过后，局方对于偶发的制造问题已经不再高度重视，此时所关心的问题在于批量生产的稳定性，那种全面制造符合性检查已经不复存在，取而代之的是民机依据 CCAR-21-R3 建立经审批的质量控制系统并接受局方证后管理与监督检查。通过统计方法控制产品质量，包括建立抽样检验计划、使用和保持适用的统计过程控制、预控制等。

（9）飞机满足客户要求成了这个阶段的工作重点。

现代民机制造，其最终目的是满足客户需求，飞机让航空公司放心，让航空公司赚钱，让飞行员爱飞。这样，作为飞机主制造商，必须关注飞行员的感受，关注飞机维护维修工程师的意见，关注乘务员的感觉，关注乘客的反应。这时的飞机不仅仅是满足制造符合性要求，更重要的是得到用户和乘客心理上的认可。所以，在进入批量生产的初期，就必须把飞机满足客户要求作为这个阶段的工作重点。

综上所述，飞机研制阶段和批量生产阶段由于特点不一样，出现了不同的问题，解决问题的侧重点不同。

2）不同的问题，会有不同的解决方法

（1）研制批问题处理的侧重点。

飞机研制阶段，解决问题的侧重点在于打通生产线，其标志是解决设计结构和性能不完善、工艺流程不成熟、工装使用不稳定、质量控制有压力。

工程设计问题。飞机设计在方案规划、详细设计、进入制造和试验试飞各个阶段，均有对设计逻辑性、合理性、协调性、可行性、科学性、安全性、可维护性及可互换性进行验证的任务，在研制批的各个阶段，通过制造和试飞现场发现问题，完善设计。发现问题的渠道主要有四种：设计现场跟产发现设计错误问题，制造过程中制造者发现设计工艺性不好问题，质量人员通过质量检测发现设计问题，试飞过程中发现的飞机系统和性能问题。对于设计问题，由质量管理部门发出故障拒收报告（FRR），设计对所发现的问题进行分析、论证，认为确实有必要更改的，由设计发出 EO 等更改指令对现场设计问题进行更改和完善，随后，合并 EO，对工程图样（数模）进行升版。在研制批，出现的问题比较复杂，大部分情况都是设计来承担责任，主动处理所发现的技术问题，因此，研制批设计是技术主导者。

工艺问题。设计本身没有问题，由于工艺状态偏离，或工艺失效造成的问题属于工艺问题，这种问题有工艺总方案规定不合理，装配协调方案制定不科学，FO、AO 及零组部件交接状态不完善、不合理等，在研制批，因为工艺也是在边摸索边实践，出现问题很正常，在这种情况下，工艺部门申请故障拒收报告，并进行工艺优化。由工艺问题产生的 FRR，则由工艺部门处理，不应提交工程处理。

在研制批，工艺部门是工艺问题的责任部门。

工装问题。对于飞机来说，研制批就是对工装的不断修改、适应、完善、协调的过程。无论是飞机结构制造用工装，还是系统制造用工装，无一例外就是工装对合格产品的保障性。协调技术完善或高超的工艺设计，就能够保证工装与工装之间、工装与产品之间的协调性和适应性，从而更少地出现工装与产品之间的不匹配。在工装使用和验证过程中，生产管理部门是组织部门，工艺部门是技术指导部门（因为工艺装备的设计是按照工艺的技术条件要求进行的，工装的投产验证项目是由工艺部门在各种工艺指令中规定的），工艺装备设计和制造部门根据工艺部门的工艺完善措施来对工艺装备进行每架份定检、全过程维护和全生产线完善。

质量控制。在研制批，质量保证责任重大，工程设计有缺陷，质量要把关；工艺流程不成熟，质量要控制；操作者作业不熟悉，质量要帮助；工艺装备不协调，质量要发现……所有问题在质量这里都难逃法眼。一张张 FRR（FRR-SR）、TRR 等质量问题报告详细地、客观地反映了制造过程中的设计问题、工艺问题、工装问题、操作偏差问题。研制批每架份质量报告数以千计。随着架次的累计，单架份的质量报告数量呈不断下降趋势，这说明各类问题逐渐减少，制造质量不断提高。质量问题报告曲线，反映了研制批的曲折过程。到了研制批最后一架飞机，该解决的问题都解决了，质量控制的压力会减少，也标志着研制批顺利过渡到试投产或批量生产阶段。

（2）批量生产问题处理的侧重点。

飞机批量生产阶段，解决问题的侧重点在于稳定生产线，其标志是设计结构冻结、工艺流程成熟、工装稳定可靠、质量控制有效。

由于飞机生产线已经进入稳定的生产过程，工程不完善问题已经在研制批得到解决，工程设计在此阶段的主要任务是根据飞机客户的要求，对飞机做用户满意度构型更改，而对飞机制造过程中的问题只派工程联络人员在现场即时处理和解答。此时，工程设计的注意力重点已经转移到新型号飞机的设计研发中。

面向制造的工艺设计群涉及的工艺指令、工艺规范和工艺流程经过研制批的考验，已趋完善和稳定；制造工艺群涉及的材料工艺、加工工艺、装配工艺、测试与检测工艺、试飞工艺等已经成熟；支撑技术群涉及的信息技术、标准和框架、机床和工具技术、数字化控制技术等已无障碍。进入批量生产，工艺上以协助指导生产为主，工艺优化为辅，重大的工艺更改原则上是不允许的，如若必须，则要经过最高层的批准。

工艺装备在进入批量生产前要进行一次全面定检工作，以保证生产线不停顿、无障碍。对于受控工艺装备的定检周期从每架定检一次改为每五架定检一次，最后延伸至每五十架定检一次。进入批量生产后，最重要的是对工艺装备进行日常维护和定期检查，如果不大改生产线，工艺装备基本处于状态冻结、资产落账。在生产一定批量后，工艺装备会产生一定程度的磨损和精度退化，这时，就要对工艺装备进行适量的返修和补充，新增加或进行大的返修后，工艺装备要重新进行投产验证工作，而且还要加密定检频度。

飞机进入批量生产阶段，质量已趋稳定，质量管理工作强度大大降低，质量工作的重点放在偶发质量问题的处理和对工艺装备质量稳定的管控上，尽管全过程质量控制依然存在，但是，稳定的供应商、稳定的生产线、稳定的工艺流程、熟练的操作人员，就可以大大减少 FRR 的量。

进入批量生产，处理问题的焦点是如何保证零部件不早不晚，定点提供到主制造商的装配现场。技术质量的问题解决以后，供应商管理成为批量生产问题处理的侧重点，对于重要供应商，主制造商可以长期派驻代表进行现场协调管理，对于次要供应商，主制造商可以定期对其进行巡视管理。

进入批量生产，另一个焦点就是如何保证飞机满足客户的完美要求。客户的完美要求是以国际上最先进的飞机为标准来衡量的，作为主制造商必须牢固树立客户意识，了解客户关注，细分客户要求，使自己的顶层设计、顶层文件、顶层监督都要面向客户需求，要将客户的关注等落实到主制造商的文件里去，落实相关责任人、制定相关责任制，使自己的飞机真正走向市场。

结果与思考

从以上分析可以看出，飞机进入批量生产后，工作的重心转向生产方面，工艺技术方面的工作重心转向下一个型号研制。

案例 9.32 攻关很关键，关键是组织
——如何组织结合型号的技术攻关

1. 背景

新型号来了，遇到许多前所未有的新技术、新材料、新工艺和新设备，就需要组织攻关。如何有效地结合型号组织攻关，每个企业都有自己的成熟经验。

2. 主题切入

攻关是解决新型号制造中出现的新技术、新材料、新工艺和新设备的难题，既是为安全可靠地制造出飞机创造生产条件，也是为制造飞机培养技术人才，所

以攻关在企业里普遍会受到重视，但是，对于技术攻关，如果管理得好，则事半功倍；如果管理不好，则事倍功半。

3. 过程

企业对待攻关的管理无非有三种做法，放水养鱼、清水无鱼和污水害鱼。

放水养鱼，给攻关团队以足够的信任和授权，把攻关成果与经济效益密切结合，充分调动攻关成员的积极性，科技管理部门做好后勤支持工作，这样，才能思路大开，取得型号所需的技术成果。这方面的成功管理案例有很多，就不在这里引用了。

清水无鱼，就是把经济大权收归公司财务统管，花一分钱都要申请和层层批准，纪检部门时时刻刻都要对攻关活动进行检查，攻关团队只有干活的义务和责任，而无管理决策的决定权，此种情况下，攻关团队成员心目中会形成不被信任的感觉，企业想得到满意的攻关效应就是一厢情愿了。这是目前企业普遍的做法。

污水害鱼，这是失败企业最常见的管理现象，一些课题立项后，不是积极组织攻关团队人员进行攻关，为型号解决问题，而是想很多歪点子，见课题有利可图，就不顾一切地让攻关组长换人，把攻关项目交给自己圈子里的人来做，或者交给与生产现场完全无关的部门来做，或者甚至把相关课题集中起来，企业负责人自己亲任攻关组长。这样的后果不但害了课题，也污染了企业的攻关，更严重影响了型号的发展。

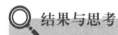
结果与思考

从攻关就可以看出一个企业的发展态势。

案例 9.33 不能用于生产的科研攻关等于零
——科研与生产

1. 背景

记得年轻时，看见老师傅们为了解决飞机研制中出现的疑难杂症，立课题进行攻关，往往飞机研制的过程，就是攻关的过程，飞机研制批结束，攻关也圆满收尾，这就是充分结合型号进行攻关，解决问题，积累经验，形成标准或规范。但是，现在存在着不好的现象，一些攻关只是为攻关而攻关，为成名而攻关，为经费而攻关，为职称而攻关。

2. 主题切入

科研转化为生产力是一个企业发展的必修课，要修炼好这门课程，就要经过下面的过程。

3. 过程

企业接到一个新型号后，必定会遇到以往所没有遇到过的技术障碍和难题，这种情况下，就要组织企业内部进行技术攻关和科学研究。如何正确地组织企业部门进行组团攻关，并及时把攻关成果用于生产实践，是企业发展能否提升战斗力的关键一步，根据多年主持攻关和组织攻关的经验，我认为要做好以下几个方面。

（1）准确立项。参与型号 IPT 工作，认真分析新型号中涉及的新技术、新材料、新工艺，结合工厂生产能力的实际情况，对于花钱买不到的制造内容，进行科研和攻关课题申报、立项工作。对于本公司没有能力进行攻关的项目，要充分利用外部资源进行攻关，如高等院校、研究院、其他企业等，但课题组长最好是公司内部科研生产一线的具体使用者。

（2）科学组队。在成立攻关团队时，要高瞻远瞩，考虑周全，使得攻关成果能够直接应用到型号制造中。各个攻关团队要指定未来的直接用户作攻关组长，涉及跨专业或跨部门的攻关课题，一般由管理侧重或未来技术落地的主要部门来牵头负责。除非特殊情况，厂负责人不宜承担攻关组长工作。

（3）全局策划。对所立课题，要全局规划，考虑到方方面面的使用，不要出现制造流程中的前后不流畅，甚至矛盾重重。特别是对于有多定点的供应商情况，一定要把所有供应商拉入攻关课题。在只有供应商攻关项目的情况下，要做好攻关课题的全程管理和后期归档工作。

（4）纵横协调。课题组在攻关过程中，经常会遇到协调上下左右的各种条件，协调方方面面外部条件的责任在公司的科技管理部门，主管科研攻关的业务员要积极主动地为攻关课题去协调这些条件，在协调这些条件时，就要策划将来攻关成果应用于生产时，这些外部条件的作用问题，以便提前给公司相关业务部门引进外部资源提供工作依据。

（5）成果落地。历尽艰难险阻，攻关取得了软硬件的成果，要在型号研制的生产安排的第一时间内，把成果在型号研制中进行实际应用，攻关组的负责人即是成果在实际应用中的第一责任者，这样，攻关成果与应用之间就没有再次转化的任何障碍了。

（6）应用转化。对于以外部资源进行的攻关成果，虽然公司内部戴了个攻关组长的帽子，但成果在生产一线的直接应用还需要一定的转化工作，这就是如何转化的问题。这一部分内容，往往涉及法律问题，需在签订课题合同时，就要明确转化的方式、方法，以及达到的效果，同时要明确知识产权的享有问题。

结果与思考

密切结合型号，分析缺项，组织到线，成果不二传，直接应用到生产一线。

后 记

在举全国之力、聚全球之智做翱翔事业的今天，回顾中国航空工业曲折的历史，回忆曾经参加过的难忘战斗，有太多的自豪想要抒发，也有不少的无奈需要反思。他山之石可以攻玉，过去的基础可以奠根基，林林总总写了这么多案例，有些是亲身经历，有些是思想升华，一些人会喜欢这一方面的案例，另外一些人会喜欢那一方面的案例。无论如何，只要读者能从中获得一点点收获，我也就深感欣慰了。